翻轉學

翻轉學

我只是好好生活，工作竟然變順了

讓工作和生活相輔相成，
解決人生卡關、突破困頓的翻轉指南

JOB JOY

Your Guide to Success,
Meaning and Happiness in your Career

克莉絲坦・扎沃 Kristen J. Zavo——著
林吟貞——譯

目錄

Part 2

決定：做自己的命運主人

Part 3

行動：讓工作與生活相輔相成

好評推薦

「工作和生活是整合的，無法一分為二，付出不是重點，能夠樂在工作才能快樂生活，工作與生活兩者相互影響，本書解答了眾人的迷思。」

——丁菱娟，作家、新創及二代企業導師、資深公關人

「工作的意義不只為了金錢，而是幸福的人生。人的一生中有超過一半的歲月再工作，如果我們不能在工作中找到屬於自己存在的意義跟喜樂，哪跟每天跑滾輪的老鼠有何不同呢？在本書中，作者克莉絲汀給個每個在職涯上困惑的青年人一個方向，你將找到屬於你的熱情。」

——何則文，作家、職涯教練、人資經理

「無論你想轉職、創業，或單純想找回工作動力，這本書都能幫你認識自己、做好評估，讓你將理想工作與夢想生活結合，踏出通往美好未來的第一步！」

——林長揚，企業課程培訓師、暢銷作家

「我相信，這本書不管是對高中生、大學生或已經出社會的人士而言，都是很有意義的書！」

——厭世哲學家，作家

「真是激勵人心！克莉絲汀．扎沃教我們如何在競爭激烈的世界裡駕馭壓力、照顧自己，忙碌不是榮譽的象徵，工作的目的是為了實現個人與專業成就。」

——佛拉薇亞．柯根（Flavia Colgan），柯根基金會（Colgan Foundation）董事、前網路新聞評論員（Network News Commentator）

「閱讀本書，會讓你變得富裕，超越夢想。財富，並非金錢的累積，而是做每件事所感受到的快樂，包括工作。」

——史蒂芬・夏皮洛（Stephen Shapiro），《別在稻穀堆中找麥粒》（*Best Practices are Stupid*）作者

「透過每個步驟的引導，讓你能更容易找到適合你的工作。克莉絲汀鼓舞人心的文字，以及注重心態、界線與照顧自己，對於職場女性而言，有極大的幫助。透過加強外在形象，把自己當作品牌來行銷，讓自己受到雇主更多的關注，才能更好的找到適合你的工作，她的建議真是金石之策。」

——妮可・摩爾（Nicole Moore），戀愛教練、「愛，行得通」（Love Works）方法創始人

「大多數人都會在人生中的某個階段找到歸屬，並安頓下來。過程中，我們會逐漸了解到，結果不完全能受到掌控，有時候，我們必須放棄理想與夢想，做出取捨與妥協。但只要用心思考與審視，我們也會發現只要管理好時間、保持體力與調整心態，順勢善用每個結果，我們仍然可以心想事成。這些感受都將你導向一個有趣的問題，你什麼時候應該安頓下來或妥協，什麼時候又該繼續為理想的目標奮鬥呢？本書內容充滿智慧、實用且貼近實際狀況，有助於你回答這些問題。讀完本書，你能以清晰明瞭的方式制定計畫，實現自己的職涯夢想。」

——安潔兒．切爾諾夫（Angel Chernoff），勵志網站「馬克與安潔兒的生活」（Marc and Angel Hack Life）作家與教練

「書名說明了一切！本書提供各種強大實用的工具，無論你要轉職、轉行，或留在原本的工作崗位上，都能讓你在工作中找到更多樂趣與意義。對於目前或曾經在職

涯路上迷失的人來說，是必讀之作！」

——亞當・洛托爾斯（Adam LoDolce），「性感自信」（SexyConfidence.com）網站創始人

「對於在工作上不開心的人，還是希望人生可以獲得更多成就感的人來說，本書是必讀之作！作者在尋求快樂過程中，所觸及的每個層面，從自我反省到目標設定，一路到面對恐懼，最終獲得理想的結果。我相當熱愛自己的企業家身分，但讀完本書後，發現我還有一堆事要做。我對自己的決定更有信心，對成功的意義有了更明確的定義，也對人生如何獲得更多快樂有了計畫！」

——寇特妮・梅根・杭特（Courtney Megan Hunt），「靈感邊際」（Inspiration Bound）網路商店創始人

「本書對任何需要反思自己職涯與人生的人來說，是完美之作。作者袒露自己的靈魂，讓讀者透過她的雙眼，體驗她在職涯中所經歷的考驗與磨難。身為心理健康治療師，我熱愛她要求讀者不但要反思與了解人生需要做什麼改變，更鼓勵他們採取行動！」

——莎莉・高登史密斯（Shari Goldsmith），授證獨立社會工作者、「職場復原力」（Workplace Resilience）網站創始人

推薦序

本書重新定義你與工作之間的關係

——艾倫．佩特里．萊恩斯（Ellen Petry Leanse），蘋果和谷歌前策略師、
Lucidworks 公司首席人力資源管理師（Chief People Officer）、
神經科學教育家與技術先驅

我們都在人生與工作中尋求快樂。對每個人來說，快樂的樣子也許不盡相同，但結果而言，快樂都歸結於自己的感受，並與目標一致。

說得容易，對吧？我對快樂和目標的追求，為我帶來的榮譽，包括：蘋果公司和

谷歌公司的職位，讓我具備創業精神，還有在史丹佛大學和其他地區訓練優秀的管理階層，教導他們啟發性的學習。

如同每個人，我有時也會捫心自問：「我來這裡真的是為了做這件事嗎？」「我是否善用自己的時間，並發揮自己才華？」但我很清楚事實並非如此，在關鍵時刻總感覺少了點「什麼」。

這些讓我探究快樂的心理學與神經科學的問題，是我在一本暢銷書裡所寫的主題，在《今日秀》（*The Today Show*）、《有線電視新聞網》（*CNN*）等節目上，還有在《紐約時報》（*The New York Times*）、《全國廣播公司商業頻道》（*CNBC*）與《企業》（*Inc.*）等刊物上，與世界各地的觀眾分享。

我在美國俄亥俄州辛辛那提（Cincinnati）的一場活動中，聽到克莉絲汀分享她對「接受快樂」的想法，有意義地改變生活模式，從而帶來更多滿足感。她對成就感、照顧自己、意向性（intentionality）* 的洞察力，以及單純想成為健康而真切的人吸引了我。她了解我在理論上探索的見解，並將之付諸實踐在現實生活中，讓所有人能夠運用。

我結合克莉絲汀的做法，幫助不少成功人士將快樂與工作串連。克莉絲汀挑戰那些針對「職業」與目標必須持續不變的假設，提醒我們，**投入適合自己的工作，改善人際關係、健康與幸福，重現理想的自己，永遠不嫌晚**。克莉絲汀的故事，**幫助你重新定義你和工作間的關係，建立成功、有意義與喜悅的職涯**，保證可行。

正如我在《面對快樂》（*The Happiness Hack*）書中所述：「你很重要，你的貢獻也是。」請謹記接下來的幾頁中克莉絲汀會提醒你的話，為你的職涯帶來成就感，你值得擁有能夠鼓舞你、啟發你的工作。在本書的引導下，你會發現能夠分享你獨特天

＊是心靈代表或呈現事物、屬性或狀態的能力。意向即指我們與事物之間的意識關係。意向性的意涵即是說，每一個意識動作都是朝向著某一事物。意識總是關於某事某物的意識。

賦的方式。為工作的未來，以及當今世界的需求，樹立新的指標。

恭喜你踏出了第一步。

序言

度過美好時光，才能享受工作的喜悅

工作（Job）：有固定報酬的職位；具體的職責與角色

喜悅（Joy）：被幸福、成功、好運或擁有自己所渴望之物的願景所激發的情緒；快樂的一種狀態；歡喜的來源

——《韋氏詞典》（*Merriam-Webster Dictionary*）

人生苦短，無法讓你每天早上害怕進辦公室，也無法讓你不做有意義的事，更無法不熱愛自己的工作。然而，有許多人花太多時間在自己不熱愛的工作，犧牲餘生、健康、幸福、家庭、友誼與戀愛關係。

我們為什麼要工作？一個原因是為了薪水，另一個是因為要改變為時已晚，要是你做一份工作長達五年、十年、十五年，那麼換工作的想法可能很薄弱。

上學是為了工作，你擅長這份工作，也在這份工作賺了很多錢！在這種狀況下，想換工作根本是瘋了，所以你才不得不接受一份別說熱愛、也許連喜歡都談不上的工作。反正多數人都不喜歡自己的工作，不是嗎？

透過各種傳統的形式，你擁有了頭銜、收入和令人印象深刻的履歷，你成功了，但你還是不快樂。或許對某些人而言，這樣就已經足夠了。但我們當中有許多人想要自己的工作有所意義、有所作為。

想像一下，熱愛工作的感覺是什麼樣子？不是苟延殘喘，而是真正享受自己的工作。早上醒來，你會很興奮即將展開新的一天。你的第一場會議午餐後才開始，你知道在一天剛開始的幾個小時裡，你的工作效率最好，而且你能夠靈活掌控自己的行程安排，保護這些寶貴的時間。到了中午，你走出辦公室或家門去吃午餐，若是天氣良好，那麼也許你會坐在公園的長椅上，花點時間，享受用餐時光。或者，你會遇到潛在的業務夥伴，邊吃沙拉，邊討論如何向市場推廣新服務或新產品，而你知道這能夠讓客戶更輕鬆地和你一起解決他們的問題。

接著，回到辦公室接電話和開會，一切都有明確的目的，最後完成了接續要展開的步驟、負責的團隊與時間表。不知不覺中，在你踏出辦公室前，就已經到了為明天做規劃的時候。你通常晚上六點會到健身房去，但今天是週三，你已經跟另一半約好要共進晚餐。你答應過每週至少要有一天晚上去約會，才不至於整週都沒有聯繫。

在度過夜晚時光之前，你會根據工作狀況，先檢查一次電子郵件，就能在睡前，沉浸在電視節目裡或花點時間閱讀。在一整天結束時，你會感到滿足與感恩。

聽起來不錯吧？一想到能開心地工作，你就興奮不已，那你就來對地方了。我經歷過許多次你現在的處境，不管我最終決定是要留在原本的崗位上、換工作，或是轉換跑道。

這並不容易，但絕對值得。隨著時光飛逝，朋友、同事和團隊成員開始問我是怎麼辦到的，每個人的情況不相同卻都有著共通點，也就是就算擁有成功的事業，對工作仍然感到不快樂。有些人會認為，對工作不快樂和感到不安是自己的問題，更糟的是，認為自己無法改變處境。這根本是錯的。

在接下來的幾頁，我會分享自己的經驗和客戶的故事，以及我和客戶在工作上尋求意義與成就感採取的行動。

這本指南分為三個部分：反思、決定與行動。在每個章節的結尾，你會看到三到五個最重要的摘要，或我所稱「好好生活，讓工作變順」的喜悅筆記。

在「反思」的章節裡，你會了解自己是怎麼走到這個地步、你付出了什麼代價。你將根據自己的想法，重新定義成功，不管這是否合乎社會與親朋好友所告訴你的。

在「決定」的章節裡，你會找到方法善用目前的情況，找到快樂與意義。當你有了更多的自我意識，就是時候該列出所有選擇，並且為長期的職涯快樂制定計畫。

不管你有多偉大的計畫，為了你所想要的改變，要做到這些還是有困難的。最後也是最重要的章節「行動」。在這個章節裡，我會分享自己換工作、轉行的步驟、技巧與資源。**為了你所渴望的改變，我們會探究那些最讓你退縮的恐懼，找尋克服的方法，一切都相輔相成，學會在工作與生活中探索意義與快樂。**

改變永遠不嫌晚，再次掌控自己的職涯也是。是時候去做能帶給你意義、成就與快樂的工作！

Part 1

反思：為什麼工作總是不開心？

「你越能反思，就越有效率。」

——霍爾與美國作家西默爾（Hall and Simeral），英國學者

第 1 章

在別人眼中是菁英，自己卻沒成就感

把工作做好的唯一方法，就是熱愛自己的工作。要是你還沒找到，那麼請繼續找。不要將就。

——史蒂芬．賈伯斯（Steve Jobs），蘋果創辦人

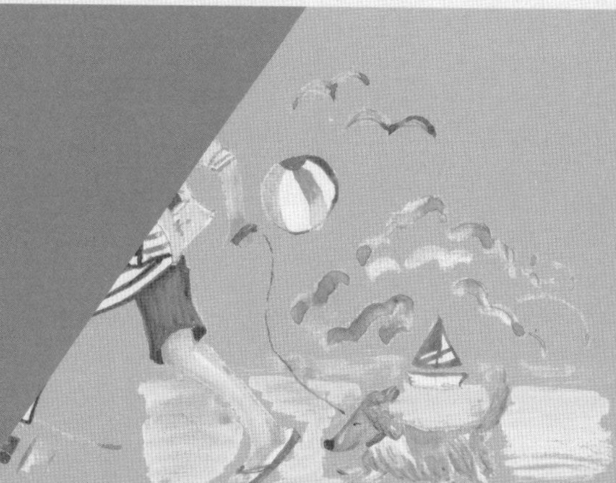

在成長過程中，成功對我來說一直都很容易。我的成績在班上總是名列前茅，三年內高中畢業，二十歲生日前拿到雙主修與單輔修的理學學士學位，二十一歲的時候，拿下金融的企業管理碩士（MBA）學位。在大學和研究所期間，我教過考試預備班，學生是跟我年齡相距不遠的高中生，也有一些是比我年齡兩倍大的研究生。畢業後，在我繼續教書的同時，我找到了在銀行業的第一份工作，負責監督房地產實體投資組合的財務績效。

以社會廣泛定義的標準來說，我很成功。在我才到職幾個月的時間，我開始焦躁不安，這種感覺隨著事業發展，變得越來越熟悉。對於習慣按照自己時間表進展的我來說，銀行傳統的透過任期而非績效的升遷方法令我感到挫折，我以此作為解釋這焦躁不安的理由。我跟幾位經理回報，得到的回饋，是他們都認為自己的工作相當重要，且不是我能勝任的。

現在回想起來，我只是不想面對，我在質疑自己的工作是否重要。也就是說，我懷疑在我分析的投資組合中，包括成功的績優股公司，其實更像是銀行在選擇投資組合時的項目。因為無論如何，這些公司都會拿到其要求增加的信用額度與貸款。一年後，我開始找另一份工作。在當時這是前所未聞的事。

直到今天，我們依舊認為在一間公司至少要待滿三年才能離開，尤其是你畢業後的第一份工作更是如此。但我認為我還年輕，也還未在事業投入太多的時間。我離開銀行業，進入顧問業，做與我在銀行投資組合的公司相反的工作。我為專門研究公司營運狀況不佳、協助重組與規劃的公司效勞。

起初，每週我都會去跑客戶，整日辛勤工作，晚上與同事、朋友聚餐，相當充實。但一年後，那種不安的感覺又回來了。這次我告訴自己，因為我總在外奔走，一天工作十二小時東奔西跑的日子，我的辦公室同事根本不認識我，這對升遷相當不利。

除了表面問題，我也開始懷疑我的工作能力，當然，在過程中我花了很多時間，學到很多東西，也賺了不少錢，但我依舊質疑我的工作是不是真的重要，以及客戶是不是真的執行與維持我們的建議和改變，還是在我們離開後，又恢復了原狀。我懷疑是後者，那種感覺不太好。

後來，我加入一間以專家派遣著稱、提供進駐、分析與解決問題服務的頂尖公司。與我離開的顧問公司不同的，是這間公司確實執行了他們建議的計畫。這滿足了我最初對意義的渴望，所以我待在那裡，得到了升遷，執行了更具挑戰性的專案計畫，到全國各處奔走了七年之久。但老實說，至少有三年的時間是多餘的。

幾年後，我有了一本仍保持聯繫的前客戶名冊。我開始注意到，儘管我們已經為他們完成了最初的執行與管理工作，但在我們離開很長一段時間之後，他們仍然繼續受當初雇用我們的問題所苦，問題依舊沒真正的獲得解決。「專家派遣」似乎不如我預期的那樣有幫助。

和以往不同，離開這裡並不像我之前那兩份工作容易。在成功的事業開端，不會有人告訴你，成功幾年之後，你會得到一副屬於自己的金手銬，你也不會發現它的存在。你喜歡你的工作，你的薪水很高，在某些情況下更是如此。

你簽下一間開價過高的漂亮公寓的合約，或買下了幾乎負擔不起的貸款房屋。你過度疲勞、背負壓力，所以你得找到對自己好的方法，也許是跟朋友一起享用昂貴的晚餐，在水療中心度過下午時光，或是逛街購買名牌服飾（你對紅底的鞋子並不陌生）。至少在那個當下，它讓你感覺更好。直到有天醒來，你已經習慣這種你無法想像要改變的生活模式。

你已經在特定產業建立起自己的事業，更重要的是，離開就代表經濟的損失，你要維持原有的生活模式，就表示你需要獲得與目前相差不多的收入。你可能還在等著去年的年終或等獎金生效。這是惡性循環，當你待得越久，所要面臨的風險也越大。

所以我留下來，搬到紐約的高層門房，沉迷在名牌服飾與名牌鞋子裡。（與其討厭自己的工作，倒不如好好享受穿名牌衣。）我買了最好的保養品和化妝品，然後在我空閒的時候，到價格過高的精品健身房鍛鍊身體。一堂四十五分鐘的課，收費三十五美元是家常便飯。我每週工作六到七天，每天工作十到十二小時，所以我也沒有太多時間，每天重複著工作、健身、再工作、吃飯、睡覺的生活。

就外人來看，我擁有成功的事業、令人印象深刻的履歷、漂亮的衣櫃、昂貴的紐約生活模式，以及一份能讓我到全國各地旅行的工作（並且累積了飛行常客的里程數），我的生活看似美滿，但我並不快樂，我對工作沒有熱忱，我還是有抱怨的感覺，覺得自己做的事並不重要（至少對我而言是如此），這些都導致了我三十歲生日的大崩潰。

我從來不是會大肆慶祝生日的人，這次也不例外。那一天很好，沒發生什麼特別的事。但那天凌晨，我從夢裡醒來，心情低落沮喪，哭得歇斯底里。我在男性主導的領域工作了將近十年之後，把自己訓練得一點也不情緒化，並引以為傲。我在半夜打電話給媽媽，她在我不斷抽泣之下聽著我說話。我腦海裡浮現好多想法。

我預期的三十歲不是這個樣子。

我不快樂。

我沒有成功的感覺。

很多時候，我不喜歡自己的工作。

我好累。

我看著我的經理和他們的經理，並不喜歡我留下來之後的未來。

我是怎麼走到這個地步的？我要怎麼擺脫？

太遲了！將近十年，我的事業走了太遠，已難改變。我能怎麼辦？

打電話給媽媽的那晚，我的問題並沒有解決。實際上，兩年後直到健康出現狀況有所警覺，我才真正採取行動，也才讓我有了轉行的想法（這之後會再介紹）。

我分享我的故事，是為了讓你明白，我了解也經歷過你的處境。在那時，我建立了成功的事業，卻只覺得不快樂、不滿足，我渴望人生能擁有更多意義，但是對下一步該怎麼做感到茫然。但後來，我度過了覺得難以克服挑戰的關卡。

我知道受工作與同事的振奮和啟發，知道自己的工作跟價值觀一致而有意義，以及知道擁有一份讓你感到成功、快樂、有目的的工作是什麼樣子。

我做過六份工作，轉行過三次，犧牲了健康與快樂，才搞清楚我的職涯缺少什麼，以及要如何才能改變它。我不想要你也得忍受這些，所以我才寫了這本書。

我希望它有助於你加速這個過程，好讓你能夠更快在職涯上體會到成功、意義與快樂，並且能夠早點對自己的人生有幫助，也能協助你的親人和你所服務的客戶。

好好生活，讓工作變順

- 如果你發現自己事業成功，卻不快樂也不滿足，那你並不孤單。
- 你不需要為了成功，犧牲自己的快樂或成就感。
- 這本指南會提供你，在職涯中找到成功、意義與快樂的策略與工具。

第 2 章

找出對工作不滿的原因，重新定義成功

現在你就要搬到公司頂樓的辦公室

希望那並沒有花掉你一輩子的時光

你知道人生短暫，有一天這一切都將不再重要

有一天你的旅程也將結束

——〈對得起自己〉（*Peace of Mind*），

美國波士頓樂團（Boston）

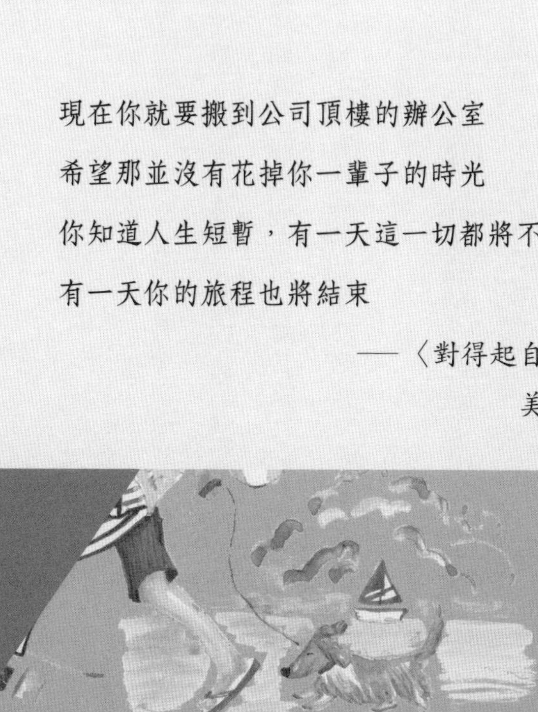

本章節的目標有三個層面：首先，幫助你了解自己的處境與走到這個地步的原因；其次，清楚地說明它讓你付出了什麼代價；最後，檢視你對成功的定義。我希望你從對現況感到挫折與不知所措，轉為充滿理解、自信與希望。讓我來為你解釋，要是你不自我反思，那就算你真的做出改變，也不會有你想要的長久效果，最後就只能在原地踏步。

大概在我三十歲生日崩潰的一年前，我並沒有花時間搞清楚自己是怎麼走到這個地步，但我很清楚我不快樂，我不喜歡我在職涯上的狀態，我需要改變。

當時我所做的，是決定至少要花三年的時間，拿到特許財金分析師（CFA，Chartered Financial Analyst）的頭銜。對任何經歷過、或認識這種人的人來說，都會知道這是個超級艱難、備受推崇的自學計畫。你必須在三年內完成三項考試，每項考試的通過率只有大概三五%，可以說比拿到企業管理碩士還要難。通常，在考試的前三到六個月，大家會放棄自己的休閒生活，加緊學習。

回首過去，這對我來說是個有趣的選擇，尤其是到最後我才意識到我並不想只是從事金融業。採取行動的感覺很好，但我並沒有受到啟發。我以為我拿到證照，就能夠找到更好、薪水更高的工作，但我沒有想到的是，我的問題並不在工作不夠好或薪水不夠高，而是我對事業不滿足、不快樂。

大概在同一時間，我想起跟朋友、也是同事的艾莉西亞（Alicia）的談話。她屬於財務部門，也曾為我的客戶工作過。她跟我坦承那不是她想做的工作，她討厭待在那裡的每一秒鐘。所以當艾莉西亞告訴我，她考慮要回去念財金研究所的時候，我很驚訝。你到底為什麼要回去攻讀自己根本不喜歡的學科拿學位呢？對她來說，這是她選擇的職業，就算不喜歡，她還是可以繼續升學，然後在這個產業的階層裡越爬越高。我認為她瘋了，殊不知我也在做同樣的事。

重點是，**為了行動而採取的行動，可能會讓你在當下感覺良好，但卻解決不了問題，而且會浪費你去建立讓自己開心的事業的時間。**

幾年後，當我意識到，如果我對自己誠實，弄清楚自己不快樂的原因，搞清楚我對職涯的渴望，停止攻讀我根本沒有興趣使用的證照、停止浪費時間、金錢和精力，那我本來可以離我想要的工作很近。我不希望你犯同樣的錯誤。

只換工作，根治不了痛苦

了解走到這個地步的原因與現在的處境，會有助於你確保自己不會留在不適合自己的工作上，你的下一步也會跟你的目標保持一致。如果你只是從痛苦的工作，換到另一份同樣痛苦的工作，而且還要再次面對認識新公司、文化和工作模式這些挑戰，那這無疑是雪上加霜，沒有比這更糟糕的了。

要找到解決工作不滿的辦法，首先要找出原因。我希望你花點時間認真思考，找出工作上讓你不滿、不快樂的原因，並寫在你的日誌或記事本，或是手機打開新的筆記、筆電上打開 Word 檔，針對以下幾點，思考一下自己的感受：

- 你實際的日常工作
- 你的工作量（太多、太少）
- 工作環境、位置、工作安排（封閉式或開放式格局、辦公小間或獨立辦公室）
- 跟你共事的人，以及你回報的對象
- 文化、政治、職業道德
- 升遷、降級的流動率，或者根本沒有這種制度
- 工時、通勤時間、出差量
- 前面的回答裡，有多少是你的部門、公司或產業本來就有的？

要是我早點回答這些問題，那麼我也許會說，雖然我確實喜歡工作的某些部分（策略、企劃、報告），但我卻鄙視大多數日常的實況。數據輸入、小型債權人談判、無止境地編輯、修改根本沒有人會看的簡報。我重視生產力和效率，而且渴望有更多工作以外的時間。

但這個產業吸引的，盡是些埋頭苦幹、逃避個人生活的工作狂。我永遠忘不了，一個剛訂婚的同事告訴我，他會在凌晨五點出家門趕班機，比必要抵達的時間提前了好幾個小時，只為了遠離即將新婚的太太，好讓自己可以有「安靜」的時間工作，那一刻我才知道，我不想成為那樣的人，也不想跟那樣的人結婚。

在現今的文化裡，這樣的工作狂通常會獲得現金、升遷的獎勵，或只是上司或同儕的肯定。無可否認的是，長時間工作被視為榮譽與驕傲的象徵。

我曾跟我的客戶凱薩琳（Catherine）談過這個問題，她是曼哈頓（Manhattan）的律師。她告訴我一段職涯早期的經歷，改變了她對長時間工作的想法。

剛從法學院畢業的她，第一年就擔任紐約市一間精品式法律事務所的合夥律師。她記得在六月初收到一封驚喜的郵件，裡面是一本商業帳簿、來自公司負責人的一百美元鈔票，還有一張感謝她在紀念日加班的紙條。當時她覺得很特別，這鼓勵了她在假日或週末加班，並讓她為此感到自豪。

幾年很快地過去了，這個曾經充滿熱情與野心的律師，因為過度的疲勞，變得疲憊不堪、憤世嫉俗，生活層面也受到了影響。她體重增加，因為壓力過大服用降血壓的藥物。她幻想著結婚辭掉工作，但過於擁擠的行程表，讓她光想到要找出時間約會，就覺得可笑。

說這些並不是指不需要努力工作；不努力就不會有今天的你。但當它影響到你的健康和快樂的時候，就得要考量優先順序了。

我們都聽過臨終的人最遺憾的事；有些被澳洲作家布羅妮・韋爾（Bronnie

Ware）在部落格《靈感之茶》（*Inspiration and Chai*）上留下難忘的紀錄，廣受歡迎。**在生命走到盡頭的時候，人們不是希望自己有更多成就和賺更多錢。相反地，他們後悔花了太多時間工作，沒有忠於自己，也沒有讓自己快樂。**

為什麼自己會走到這個地步？

你有必要了解自己是怎麼、又是為什麼走到這個地步的。就你的情況而言，會走到這個地步，可能是你努力想要成為父母理想中的自己，不想讓他們失望。也許你被困在工作裡，是生活的動力讓你走到今天這個地步。又或許是你在就學時期，不確定自己想做什麼，所以選了看起來還可以的事。

也可能，是你的工作、公司或產業發生變化。而你一直希望它會變好，回到你熱愛它的那時候；也可能，是你本身、你的狀況或優先考量改變了，曾經有成就感的工作現在卻只是壓力的來源。

我們對職業的選擇背後，有很多驅動的因素。對我來說，這就是延續我在學校所經歷過的成功，努力爭取並維持在這聲望高的產業，享有令人印象深刻的頭銜與豐厚的薪水。我也想要成功，因為我想要讓父母感到驕傲。要是我沒有努力想要升遷、長時間工作、跟重要的人士開會、賺更多的錢，那我就會讓所有人，包括我自己失望。

> 我們的社會沉迷於生產力。
> 我們認為生產力會提高我們身為人的價值。
> 我們希望被重視和被愛。
> 所以……我們沉迷於生產力之中。
>
> ——丹妮爾．拉伯特（Danielle LaPorte），加拿大作家

你付出了什麼代價？

既然你已經清楚自己的處境，以及走到這個地步的原因，也是時候該誠實面對它究竟讓你付出了什麼代價。

就像我之前說的，從我意識到自己不快樂的那一刻起，我還是花了將近兩年的時間，才離開這份讓我失了魂的工作和職業。花了這麼長時間的主要原因，是因為我對自己不快樂和怎麼走到這個地步的原因並不誠實。直到身體出了狀況讓我感到害怕，我才終於離開。

生日崩潰後大約半年，我開始頭痛不止。我很容易一天就能吃上十顆泰諾（Tylenol）或莫疼（Motrin）止痛藥。當藥物開始起不了作用，我沒辦法忍受我的頭痛已經影響到我長時間工作的能力。

找過一些專家但無濟於事之後，我去求助一位專治頭痛的精神科醫師。初步諮詢之後，醫生很直接地告訴我，是我的工作模式害我頭痛，威脅到我的健康。她告訴我，我需要每天睡滿八小時、晒十分鐘的太陽（好吸收天然維生素D）、吃健康、不含化學物質的食物。

我記得自己對所有這一切大聲地笑了出來，尤其是對睡眠的部分。我當時正在進行一項旅行專案，整天都在沒有窗戶的會議室裡工作，外帶晚餐回飯店吃，然後繼續工作幾個小時。三更半夜還收到電子郵件是家常便飯。我根本沒辦法在一天的中途休息十分鐘，去散步呼吸新鮮空氣。我現在邊寫，邊覺得這似乎很荒謬。

那天我離開的時候，在無數藥錠和鼻噴劑的處方裡，還帶了一張「要睡滿八小時」的處方，好像這樣我就能向經理證明這一點。不用說，在那個專案期間，我還是沒有擺脫頭痛這件事。

我突然明白，就如同凱薩琳的體重和血壓那樣，我的工作量、環境和文化都影響著我的健康和快樂，轉職不再僅是為了找到自己喜歡的工作，影響更多的，是我的健康、快樂。你目前的狀況讓你付出了什麼代價？拿出日誌、筆記應用程式，或Word檔，花至少二十分鐘的時間思考。在接下來一整週的時間裡，如果又想到了什麼，那你隨時可以回到這張列表來。你可以參考這份高階列表幫助你思考這問題：

- 機會成本：把時間花在工作上，而錯過了其他事物
- 財務成本：待在一份應該要有、卻沒有升遷或加薪的工作上
- 健康：心理上和情緒上
- 健康：生理上
- 人生！快樂和喜悅
- 對得起自己（永遠都要強調這一點）
- 陪伴家人、朋友的時光
- 愛情、戀愛關係

• 基本的自我照顧

擺脫傳統的標準，自己的成功自己定義

我們知道成功的傳統衡量標準，而且我敢打賭，就算不是全部，你也已經達成了絕大多數。但那樣夠嗎？成功對你來說代表什麼？

在我顧問業的生涯裡，我一直處在馬不停蹄的狀態，日夜不停工作，對止不住的偏頭痛感到困擾，很少有時間交朋友，要是停下來，那我就會意識到自己的感受有多糟糕，但從表面來看，大多數人都會同意我已經成功了。

我還住在紐約市的時候，會去時代廣場中，一間美麗的小教堂做彌撒。只有在那個時間和空間，我才能靜下來，不感到一絲絲的內疚（在神面前，誰敢自居第一），

在那裡，我找到許多慰藉。某個週日下午，當我坐在彌撒的人群當中，淚水突然開始滑落我的臉頰。我邊流鼻涕、壓抑情緒、不顧形象地嚎啕大哭。我嚇壞了，我覺得好丟臉，卻又不懂自己為什麼要哭。但我知道，當我處於「開啟」的狀態，我就能夠感受到過去所無法感受到的深切哀傷。

我知道某些事必須改變，因為要是這就是成功的樣子，那我一點也不想要。我渴望有更多的自由，去執行重要的專案和任務，在工作上受到賞識，並且有更多工作以外的時間，有更多的快樂、喜悅、愛和冒險，而這些都來自於更加平衡的生活。

所以，對你來說，什麼是成功？我希望你深入了解，並且對自己誠實。

- 除了金錢和頭銜，成功對你來說還代表什麼？
- 什麼事會讓你熱愛工作？（例如：金錢、頭銜、不同工作、更多彈性）

- 想一想「工作讓你付出什麼代價？」的那份清單，其中有可以定義你成功的部分嗎？
- 什麼是你人生中的優先事項？現在的生活有沒有跟你所說的這些優先事項一致？
- 允許自己有夢想。要是你可以做任何事，那麼對你來說，完美的一天會是什麼樣子？也許剛開始會是躺在海灘上，做按摩，然後閱讀小說。你充滿動力，但那只能帶來短暫的滿足。如果包含工作在內，那又會是什麼樣子呢？你會做什麼？你會在哪裡工作，在家、在辦公室、在咖啡廳，還是三者都會？你會和誰合作，獨立工作，還是團隊合作？你會什麼時候開始工作，又會什麼時候結束工作？你一天裡還會花時間做些什麼？
- 如果沒有（來自你自己或別人的）評論，那麼成功對你來說又會是什麼樣子？

就像你會改變一樣，讓你感到快樂和有成就感的事物也會改變。**正常來說，每隔**

幾年就要重新定義成功。也許你就跟凱薩琳一樣，從傳統的成功定義開始，畢業於法學院，考過律師資格，在曼哈頓的法律事務所擔任合夥律師，都讓她感覺良好。隨著她累積了更多經驗和成長，她發現自己渴望愛情與戀愛關係。工作上的成功已經不再足夠。她尋求更多的平衡與更深度的關係。

最終，她想要的是伴侶和家庭，她也明白，要是她的工作狀況沒有改變，那幾乎是不可能的。所以她找到改變現狀的方法，制定計畫、找一份新工作，讓她有時間專注在非工作的優先事項上。

最近幾個世代逐漸認為，職涯成功是一生中值得追求的目標，成功挑戰了女性有婚姻跟家庭就應該要滿足的觀念。儘管有所進步，不可預見的影響，卻是現在許多女性要是沒有把職業當成最終目標，就會因此感到內疚。就連最有野心跟最成功的女性企業家也有這種感覺，卻害怕對此採取行動，甚至害怕把這種想法說出口。

在成功的定義中，妳的職涯並不需要成為主角或任何相關角色，妳可以渴望成為全職媽媽，或者讓工作成為資助妳精采餘生的一種方式。

無論你對成功的定義是什麼，讓自己接受並採取行動實踐它，這可能會是你做過最勇敢、最有意義的事。那也是為什麼這個章節裡的問題無法迅速得到解答的原因。這沒有標準答案，只要你忠於自己就可以。

慢慢來、對自己誠實、把事情搞清楚非常重要。清楚了解自己想要改變什麼，會讓你往自己想要的未來投注精力。具體來說，就是針對你的獨特情況，決定明確的下一步行動。

你會說，那當然很好，但我現在很痛苦！短時間內我要怎麼撐過去？這些我都知道，不用擔心。有時候，在我們想出脫困計畫之前，需要先制定生存計畫。在下一個章節裡，我們會著眼於五大領域，讓你現在就能夠採取行動，讓你的工作人生不那麼難以忍受，甚至更令人愉悅。

好好生活，讓工作變順

- 行動前的自我反思，對你的成功來說，至關重要。
- 為了行動而行動不僅浪費時間，更會讓你無法在工作上感到滿足。
- 花點時間了解自己的工作狀況、走到這個地步的原因，以及它讓你付出了什麼代價，避免重複犯錯。
- 為了要成功，你必須超越傳統定義，闡述成功對你來說代表什麼。
- 自我意識和清楚的成功願景，採取有目的性的一致行動，讓你能更快實現目標。

Part 2

決定：做自己的命運主人

決定是最終的力量。決定塑造命運。

——東尼．羅賓斯（Tony Robbins），美國作家

第 3 章

改善工作的五大方法，馬上見效

快樂的關鍵，是決定要快樂。

——瑪麗安娜．威廉森（Marianne Williamson），

美國作家

根據蓋洛普（Gallup）公司二〇一七年的一項調查顯示，有八五％的人討厭自己的工作。但那不必是你。在這個章節裡，我們會探討讓工作不那麼難以忍受的方法，之後再考慮換工作或轉職的長期步驟。

不管你是繼續在原本的職位再待上一個月、幾年或無限期的時間，這些策略都將有助於你面對壓力、避免自己筋疲力盡，善用自己的工作狀況。改進你快樂的方法有無數種，我把它分為五類：設立界線、照顧自己、提高生產力、調整心態、積極尋求快樂。它們都相互關連，並相互依存，就算只選擇專注於其中一個領域，也能對你日常的快樂產生巨大的影響。

設立界線：下班後，就不要想工作

在探討界線之前，我想要分享瑪莉（Marie）有關工作界線的經驗。她現在在一間初創公司從事產品開發工作，但我遇見她的時候，她跟我一樣是個顧問。也跟我一樣，很難拒絕別人。這個故事關乎她是怎麼撐到極限，接下來又發生了什麼事。

幾個月以來，瑪莉每週一到週四，都從波士頓（Boston）到明尼蘇達州（Minnesota）一個遙遠的客戶據點。這項工作本來只會持續幾個月，因為某些原因無止境地延長了兩次。對她而言，一週工作六到七天，一天工作十二個小時，都是常態。在某個週四晚上，她和團隊原定回家的班機，在多次的延誤之後取消了。他們被列入最後一班飛機的候補名單，但因為她沒有這間特定航空公司的飛行資格，所以那天晚上，除了她，團隊的其他人都回家了。

瑪莉在機場飯店住了一晚，但卻沒有盥洗用品或乾淨的衣物。（為了減輕每週要到同一個地點的負擔，通常會在下榻的飯店留下盥洗用品，甚至是一些衣物。）隔天早上，當她終於回到家，極度疲憊地走進自家公寓，迫不及待地要去盥洗時，老闆傳了訊息確認她是否可以參加電話會議，甚至沒過問她的狀況和安全到家了沒。

就過往而言，瑪莉的反應是無論如何都會接電話。她不喜歡讓別人失望，也害怕違背經理的要求。但這次不同於以往。那一刻，她做了勇敢而叛逆的決定，放下電話，去洗澡，錯過了那通電話。

世界不會因為瑪莉為了自己和自我需求挺身而出就毀滅。在家整頓好了之後，瑪莉打電話給經理，在電話裡了解會議狀況。一年後，她還在做同一份工作，瑪莉告訴我，她已經撐到了極限，從那天開始，她改變自己，慢慢地設立界線，從可以工作的時間，到可以搭乘的班機，為自己挺身而出，讓她一樣（甚至更）受到尊重。

瑪莉的經驗裡，是否有任何部分讓你感同身受呢？有許多人，以取悅所有人、超越別人對我們的要求（或需求），把自己、甚至是自己最基本的需求擺在最後，以此來尋求成功。這不僅對你、也對你身邊的人有害，包括和你一起工作的人。

如果你不先照顧好自己，那就無法在工作上發揮最好的本事。這也是你告訴自己沒時間吃午餐、沒辦法六點下班，或就瑪莉的情況來說，沒辦法洗澡的原因。我們都聽過班機上的安全宣導，遇到緊急狀況時，請先戴上自己的氧氣面罩，再幫助別人，那也適用於此。

設立界線讓我們能夠在心理、生理和情緒上都把自己照顧得更好，在這過程中，你得面對一些艱難的對話，但最後，**跟那些未設立界線的人相比，你會感覺更良好，也會更受到尊重**。你可能會和瑪莉一樣，驚訝地發現世界並不會因為你設立界線而毀滅。

這對我們每個人來說，都有不同意義。對你來說，這可能關乎工作量與工作行程表。**要是你每天工作十個小時，回到家之後又繼續工作，那麼不是你效率太差**（這個稍後我們會再討論），**就是工作量太多**。如果是這樣，一切看起來又毫無止境，那就是時候該重新評估你的任務、執行任務所花費的時間，以及這些任務的價值了，你需要根據結果，決定優先事項。這可能會需要和經理與團隊進行對話，重新安排專案的優先順序、委派的責任，甚至是完全停止某些任務。

這可能需要以你實際待在辦公室的時間來設立界線，更需要的是，要限制你「實際工作」和能夠聯繫上的時間。根據德勤（Deloitte）會計師事務所二〇一五年的一項研究顯示，美國人平均每天會看手機四十六次。要是你年紀更輕，那我敢打賭一定會更多次。這代表，上班時，你想著想做的事情；下班後，你會因為想著工作，而無法享受生活。

就算你工作時是快樂的，每個人還是需要時間放鬆，尤其是當你不快樂的時候。在下班後的任何時間、地點看手機，並不會讓你成為更有生產力的員工，反而會讓你無法專注享受當下。你不得不自問，晚上十點是否還想接老闆的電話？有時候我可以，但大多數時候我並不想。你必須決定，對你的人生來說，什麼才最有意義，不管你決定做什麼，都要保持溝通並堅持下去。

這不一定代表你得跟任何人進行正式的談話。你可以在特定時間之後，關掉手機和電子郵件的通知，隔天早上再回覆。若是有人問起，可以隨性地回答，你發現晚上休息幾個小時重新整頓自己，工作效率會更高。並且，說出自己的計畫，讓大家知道你幾點離線，如果有緊急狀況要怎麼聯繫你，讓他們了解，想要快點得到回覆，就要在工作時間和你聯繫。

要是你仍然懷疑自己無法放下手機，並闔上筆電，那麼請想想臉書營運長（COO）雪柔．桑德伯格（Sheryl Sandberg）承諾每天五點半要下班。這並不代表你稍後不能再上線快速檢視電子郵件，而是要強調，你擁有工作以外的生活及斷聯的能力，只要設立界線就能夠做到。

除了工作量和待在辦公室的時間，設立界線也可能代表，只在目標和角色明確的情況下，才接受會議邀請。從容易取勝的地方開始，慢慢往更廣、風險更高的領域去設立界線。要是你能學會設立界線，那麼它就會提升你的信心，讓你把工作做得更好，並讓你能把時間花在非工作的優先事項上，你可以有更多時間，去規劃你的生活。

照顧自己：先滿足自己的基本需求

跟設立界線有關，但又自成一格的，就是自我照顧。我想大多數人都會同意，越是不知所措、壓力大和不快樂的時候，就越需要照顧自己。那為什麼當生活變得瘋狂的時候，基本的自我照顧才是最重要的呢？我說的自我照顧，並不是指預約去水療中心或山上靜修，雖然那很棒。這裡指的是非常基本的，跟你會怎麼照顧狗狗一樣。

如果你現在養了一隻狗，或已經養大了一隻，那你會知道牠需要定期運動、飲食均衡、睡眠充足、大量的玩耍。你永遠不會因為忙碌，就拒絕照料牠的基本需求，有些人甚至稱此為虐待動物。但我敢打賭，你否認自己也有這些重要的需求。我記得聽到這種比擬，是在一次我快要累到崩潰的時候。

從這個觀點出發的照顧自己，才讓我開始明白，我真的會對一隻狗比對自己還來得好嗎？生理、情緒和心理健康相當重要，不只是現在要快樂，更要能夠面對人生的挑戰。不管你的情況如何，當你又餓又累，得靠咖啡因支撐的時候，一切只會更糟。

希臘裔美國作家雅莉安娜．哈芬登（Arianna Huffington）在最新的兩本著作《從容的力量》（*Thrive*）與《愈睡愈成功》（*The Sleep Revolution*）中，她強調**需要定期充電，才能夠以清晰的頭腦和明智的判斷，充滿活力地去上班**。這適用於工作，也適用於你的整體健康。基本的自我照顧能讓你感覺更良好，要是你決定要找工作，那也能夠給予你活力和精神上的力量。

考量到這一點，就是時候該問問自己，是否照顧到了自己的基本需求。

睡眠：至少睡七小時

眾所周知的是，成年人每天晚上需要七到九個小時的睡眠。長時間缺乏睡眠，會讓我們心情不好，也會讓思考變得更費力，事情變得更困難。不僅影響我們的工作，更影響我們的人際關係和整體的快樂。實際上，多項研究都顯示，睡眠不足會導致像是酒醉者那般的行為表現。請幫自己（和周圍的人）一個忙，在大多數的夜晚**讓自己有至少七個小時的睡眠時間**。

活動：每小時休息一次

我故意不把這個部分稱為「運動」，不僅是因為它對某些人有負面的影響，而且還可能意味著特定的活動，感覺就像是待辦事項清單上的另一項義務。我認為我們應該把活動身體視為要做的事，而非必須做的事。活動身體對我們的身體有益，對我們的思想和心靈也很重要。它有助於我們去除舊有思維、跳脫框架，並更加活躍。而且不一定得到健身房，你可以在附近的街區散步，同時跟閨蜜（在電話裡或面對面）互聊近況，或是在你的客廳裡舉辦即興舞會。

除了定期運動（活動），一整天都要活動也很重要。正如二〇一七年發表在《內科醫學年鑑》（*Annals of Internal Medicine*）上的〈美國中老年人久坐行為模式與死亡率〉（*Patterns of Sedentary Behavior and Mortality in U.S. Middle-Aged and Older Adults*）研究顯示，長時間坐著與早期死亡風險之間有直接的關係。計時**每個小時休息一次，就算只是去上個廁所或走一走都好**。試試把車停得離家門遠一點，或試試看工作時邊走路邊開會。

優質飲食：避免壓力飲食、加工食品

壓力很大的時候，壓力飲食相當常見。對你有害的零食和咖啡因可以在短時間內為你提供能量，而且對我們許多人而言，可能是忙碌的一天中，我們唯一期待的事。

短時間內能讓我們感覺良好，但跳過優質飲食，偏好加工食品，可能會對我們的情緒和腰圍造成很大的影響。**優質飲食伴隨著更多的睡眠與運動，就能夠大幅地改變你的行為**。你可以提前規劃健康的飲食方法，這可能代表吃一頓美味的早餐、打包剩餘的飯菜，或是讓手邊有健康的零食。

冥想：每天早上五分鐘

就算每天只有幾分鐘的安靜時間，也有助於緩解焦慮和壓力。如果你是冥想的新手，那也沒關係，到處都有許多不同風格和方法的資訊。你可以**每天早上醒來後的五分鐘，坐在床上閉起雙眼**（或如果你怕自己又會睡著，那就坐在地上、背靠著牆），非常簡單。

我喜歡在冥想的時候聽音樂，我最喜歡的是潘朵拉（Pandora）音樂電台上的「平靜冥想」（Calm Meditation）和「格雷果聖歌」（Gregorian Chant）頻道。雖然一般是建議要放下自己的念頭，但我還是會在旁邊放上記事本，才能馬上記錄必須寫下的想法（清晨冥想的時候，我的大腦在半夢半醒之間，會有一些很棒的想法）。如果你也是這樣做，那麼請確保自己在記錄完以後立刻回到冥想狀態。

加分題！早晨慣例：跟自己建立連結

把自我照顧變成習慣的一種方法，早晨慣例並不一定要很花俏或很長，這只是在安靜的時光，用跟自己建立連結的方式來開啟新的一天。

如果你對這個想法很陌生，那我建議你從三種活動開始：寫日誌、閱讀、冥想，自己選擇順序和時間。比方說，我的目標是每項至少做五分鐘，但在特別的日子裡，我可能每項只做一分鐘。不管有多忙，你至少每天可以給自己三分鐘的時間！在步調緩慢的日子或週末，我可能會寫日誌和閱讀三十分鐘，冥想十分鐘。嘗試一週下來，看看有什麼不同。我猜你會比平常更安定、更全神貫注，也更能應對一整天的挑戰。

一段時間後，你就會學會感受每天的需求，並安排出自己的早晨儀式。也許你會在慣例中加上喝一杯檸檬茶、做些簡單的瑜伽或者背誦一些勵志語。就像跑者在沒辦法鍛鍊的日子裡，會覺得全身不對勁一樣，你可能會很驚訝，自己竟然開始期待這段因為睡覺而錯過的「唯我」時光。

提高生產力：要求自己準時下班

如果你要優先考量自我照顧，並在工作上設立界線，那你就需要確保在工作時間內效率很高。我們都聽過、也經歷過老格言或帕金森定律（Parkinson's Law）所言，就是工作總要拖到最後時限才會完成。這尤其適用於你在做不喜歡的工作、地方和不喜歡的人共事的時候。

你討厭自己工作的時候，很自然就會做一些事去拖延，不管是玩臉書、和同事聊八卦或是吃很久的午餐。但當你決定只花固定的時間工作，你就得明智地運用這段時間。**上班的時候好好工作，這樣你下班後才可以不用工作**。

在剛開始的時候，你會發現，你知道自己得在特定的時間下班，那你就會更快完成工作，深夜加班會變成例外，而非常規。事先規劃會有助於你提高工作效率。如果你買了表演票、要和朋友共進晚餐，或是已經繳了瑜伽課的費用，那你就更有可能為了能準時下班，變得非常有效率。

要做到如此，以下是我最喜歡的五個生產力祕訣：

把會議最小化

無數的調查和研究顯示，會議不但浪費時間和金錢，還會影響生產力和幸福感。

在我上一份公司的工作，一天安排七個小時的行程並不罕見，因此幾乎不可能在上班的時候實際完成什麼工作。

如果可以的話，我建議在目標和角色不明確的情況下拒絕開會，或是至少在參加之前釐清這些事項。問問自己是不是可以派團隊的其他成員去，或是不是整個團隊都受邀出席，那麼參加會議才有意義。要是你就是那個發送會議邀請的罪魁禍首，那麼請花點時間考量一下是不是發送電子郵件代替就可以了。如果不是，那麼也許開會時間短一點、議程更緊湊一點，都能夠減輕一些時間的負擔。

保護自己的「魔力時間」

美國作家克雷格．巴蘭坦（Craig Ballantyne）在他《完美日程安排》（*The Perfect Day Formula*）書中，把你的「魔力時間」定義為一天當中，你**能夠比其他任何時間多完成三倍工作量的時間**。你可能已經知道是哪個時間點。

我自認是晨型人，念大學的時候，從來沒有整晚熬夜過。有考試或報告要交的時候，我不會用咖啡因替自己提神，而是晚上十點去睡覺，然後凌晨四點起床，才有清晰的腦力做事。不管是哪時候，請盡最大的努力維護它，然後用它作為實際、專注的工作時間。

我還在公司工作的時候，一週有三天的早上不能工作，因為那段時間必須安排開會。當然，有時候會有例外（甚至一週會有好幾次），但毫無疑問地，是我能夠主動、而非被動地掌握自己的行程，維護更多自己的時間。

減少分心干擾

研究顯示，在你工作被打斷之後，要再進入到狀態，需要花費十一到二十五分鐘的時間。難怪我們會整日忙碌，到了應該下班的時間，卻什麼也沒做完。我發現在工作時，把會令你分心的因素降到最低，可以提高工作效率，並減少工作時間。這對你來說可能代表，你需要關掉電腦上 Outlook 電子郵件的彈跳通知、在特定時間檢視電子郵件（例如早起第一時間、午餐前，以及下班前），以及把手機正面朝下擺放，或是設定為飛行模式。

如果你是在開放式的辦公室裡工作，同事常常停下來提問或聊天，那你可以找找看有沒有其他能夠工作的地點。我遇到這個問題的時候，發現帶著筆記型電腦到會議室或自助餐廳去，是把握專注、不受打擾時間的好方法。

分批處理任務

與被打斷後，要再回到工作狀態類似，一心多用地處理工作項目，也會讓你缺乏效率。所以才出現了把類似的活動安排在一起、分批處理任務的方式。當你列出週六早上要執行的所有差事，或撥出幾個小時的時間打掃家裡的時候，你已經在私人時間做到了分批處理。根據你的工作類型，這可能代表安排幾個小時或甚至一整天的時間完成類似的任務，比如寫作、打電話、管理職責等。

休息小憩

我看過報導，美國人平均的專注時間是八秒鐘，比金魚還要短。但我們卻得坐在辦公桌前，連續工作八、十、十二個小時，你很難每隔幾秒、幾分鐘就休息一下。研究顯示，**每五十到九十分鐘起來伸展、走一走，有助於提高生產力**。設定計時器實驗看看，看看哪種方法對你有效。我發現，只要知道快要休息了，就能夠激勵我保持專注，完成更多工作。

調整心態：專注於好的一面

設立界線與提高生產力，是在工作上能感到更有力量與快樂的絕佳工具。雖然不太明顯，但與兩者相比，調整心態也同樣重要。當你不快樂的時候，自然地會把注意力放在其他地方。我要挑戰你去尋求，同時專注於好的一面。我並不是要你對所有錯誤視而不見，而是要你在承認錯誤之後，找到能夠感謝你目前工作的理由。

以一間小公司的資訊科技經理喬（Joe）為例，他承認自己對管理、空泛的晉升承諾和過多的工作量，感到挫折沮喪。但這些問題的可貴之處，在於它們教會他為自己挺身而出，並設立界線。除了挑戰，他也很感謝自己能夠執行各種不同的專案，並且持續學習。週五他必須去學校接小孩放學的時候，還能夠彈性地決定上下班時間。

凱西（Kacey）過去經常抱怨她在客服中心的兼職工作很枯燥乏味，而且老闆還管很多。但花了點時間看看好處，其一，她沒有全職工作，自己和家人卻都有保險；其二，下午還有時間可以陪伴孩子。她才明白這份工作的意義，是讓她能夠在工作以外，照顧與陪伴家人。

雖然兩者截然不同，但喬和凱西都證明了，光是簡單感謝，就讓工作對你的意義大有不同。尋求好處，不代表你可以不努力把事情做好、不去找另一份工作。但它有助於你改變看法，在你感到挫折、沮喪的時候，幫助你跳脫思維的束縛。

抱怨的當下你得以宣洩怨氣，但也會引來更多負面情緒，甚至讓你心情低落。決定專注在好的一面，你可以列出感謝清單留存在手機，方便檢視，尤其在你遇到困難的時候。接下來的幾個章節，主要是要幫助你找到新的工作，但也請提醒自己，你始終可以選擇要留在現在的工作或是離開。光是這一點就能夠讓你充滿力量。

可能你會說：「我別無選擇，我需要錢。」那也是一種選擇。沒有人會每天把你從床上拖下來，強迫你去上班。在這個例子裡，你決定要繼續待在自己不喜歡的工作，因為薪水比你對工作的感受更重要。即便你選擇如此，也隨時都可以改變。只要知道自己正在採取行動（比如閱讀這本書）改變現狀，就能夠立刻把你從無助的受害者，轉變為有力自主的人。

積極尋求快樂：你擁有四〇%的掌控權

我敢打賭你對快樂的掌握程度，比自己知道的還要多。研究人員發現，雖然我們有一半的心態是由遺傳所決定，一〇%由我們無法掌控的事件決定，但其餘的四〇%則是由我們有意識地為快樂而努力與決定。簡而言之，如果你想要在工作和生活中獲得更多快樂，那麼請積極地去尋求。

發揮創意，想想你現在要如何在工作上找到更大的目標？若目標並非這個職位實際的工作內容，那麼也許是參與專案這件事對你來說更重要而有意義。也或許是與你共事、指引、教導你的人，提供了你意義與成就感。

思考一下，怎麼讓工作更加愉快。要是你覺得無趣，需要挑戰，那麼請張大雙眼，尋找機會加入正在解決新問題或開展新計畫的團隊。

想想有沒有可以解決自己職責內問題的方法，比如精簡流程、設置新模板或自動化任務。決定你想要學習的事物，讓自己在目前的工作能夠更好，或者為下一份工作做好準備，不管是不是花雇主的時間或錢。這所有的一切，都能夠大大提高你的工作效率、成就感，讓你跟職業目標達成一致。

也許你遇到了相反的問題，就如同我在界線那個段落裡所說的，你需要和經理談談工作量和優先事項，確保自己有吃午餐的時間，而且準時下班。

此外，也許你可以考慮要求彈性的工作時間。很多公司會讓你在週一到週四拉長工作時間，然後週五休假。對我來說，每個月有幾天的時間可以在家工作，對我的頭腦清晰度、生產力和幸福感都很有幫助（再加上穿瑜伽褲工作根本所向無敵）。

甚至是用會讓你感覺良好的事物來裝點工作空間，也能大有不同。從你的角度來說，可能是擺一束鮮花、貼上你所愛之人的照片，或者能讓你想起「初衷」的某件事物。

好比我喜歡吃健康的零食、擺一罐精油，把我最喜歡的護手霜放在手邊，為工作環境增添任何可以振奮我心情的東西。我也很重視勵志名言，總是會至少放上一、兩句幫助我保持積極正向。

下方這張照片，是幾年前我放在辦公桌上的迷你畫架，上面的名言提醒著我不要被困在日常的瑣事裡，而忘記了最重要的事。去看看丹妮爾·拉伯特（Danielle LaPorte）的真相牌組（truthbomb decks），讓自己得到更多啟發吧。

現在讓我們看看辦公室四面牆之外的世界吧。在工作之外，你現在能

為自己的未來騰出點空間吧

夠做些什麼，讓人生更有意義、更快樂呢？有許多非常成功的人，是透過犧牲人生的其他面向，比如人際關係、健康和樂趣，才走到了這個地步。我們把讓自己感到歡樂的事物擺在最後，等到夠成功了，事業經營得夠久，可以放鬆了，才有時間做這些事。

想想你一直把什麼事情擺在最後，下定決心去做其中的一些事吧。你可以多花點時間和朋友相處嗎？報名參加一個可以讓你發揮創意的工作坊，比如繪畫、品酒或陶藝課吧？參加志工服務、空中飛人課程、看表演、做指甲、讀本書，或看迪士尼電影，做任何會讓你放鬆、大笑，而且忘掉工作的事。

你看到它們之間的關連了嗎？如果你過著充實的人生，下班後有所安排，那你就必然得遵守自己設立的界線。因為你得在特定的時間點下班，你自然會提高工作效率，這所有的一切對你和你的工作都有好處。

這需要努力嗎？要。會覺得不自在嗎？絕對會。但當你明白，你不僅是為自己打造了更健康、更快樂、更有意義的一天，當你也成為更好的員工的時候，這種工作模式就變得不可斗量了。朋友們，這就是一整天相當忙碌，卻仍然可以趕上六點飛輪課的祕密。

既然我們已經討論了怎麼樣才能生存、才會快樂，那麼下一步就是要搞清楚你得怎麼做。你要留下來？找新工作？還是開拓全新的事業？翻到下一個章節，探討你能有什麼選擇。

好好生活，讓工作變順

- 設立界線，保護自己的時間、健康和整體的快樂。
- 照顧自己，保持充足的睡眠、活動身體，以及攝取優質飲食。
- 藉由把會議最小化、保護自己的時間、減少分心干擾、分批處理任務和休息小憩，來提高工作效率。

- 調整自己的心態，專注於好的一面，並記得你永遠都有選擇的餘地。
- 你可以掌握自己的經歷，請在工作和生活中都積極尋求快樂。

第 4 章

下一步該離職，還是撐下去？

你頭上頂著大腦，腳下穿著鞋。

你可以選擇自己要往哪個方向去。

——蘇斯博士（Dr. Seuss），美國作家

對於那些在工作上感到不快樂、沒有成就感的人來說，「被困住」是一種很普遍的感受，覺得動彈不得是很自然的事。我們不是認為自己別無選擇、必須留下，就是覺得有太多選擇，令我們無所適從，所以才什麼都不做。

你該留下，還是離開？就那麼簡單。我猜在你拿起這本書的時候，心裡早就有了答案，也就是不要留下。如果是那樣，那麼請自在地跳到下一個章節去。要是你不確定，那就是時候拿出你的日誌或打開新的 Word 檔，回答以下八個問題了。

從第二章開始，你就已經在探討這些內容，但現在得要更具體了。

1. 對我來說，這是個健康的工作環境嗎？包括：

- 實際的工作空間
- 文化、政治
- 領導人和團隊氛圍

- 工作時或想到工作時的感受（成就感、滿足感、友誼、壓力、挫折、恐懼）

2. 我喜歡自己的工作嗎？在適當的情況下，我會喜歡自己的工作嗎？
3. 我喜歡和我一起工作的人嗎？我尊重我的老闆嗎？
4. 是否有升遷或橫向調動的職業發展空間呢？
5. 我的工作對我來說有意義嗎？我以自己的工作和雇用我的公司為傲嗎？
6. 我在這裡（可以）成功嗎？
7. 我在這份工作上快樂嗎？
8. 這份工作是否讓我有時間和資源投注於工作以外的優先事項（例如人際關係、家庭、健康、旅遊、娛樂）呢？

要是你對前述所有問題的回答都是肯定的，那麼恭喜你！你的工作和事業都很棒！放下這本書，好好享受工作吧！

要是你對前述任何一個或很多個問題的回答都是否定的，那麼下一步就是問問自己，對於目前的工作，你可以怎麼做，讓你的答案有所改變。比方說，如果你不喜歡自己的工作，那麼跟經理討論責任歸屬會有幫助嗎？或者你是否可以委派掉一些自己不怎麼喜歡又很費時的任務，把更多的精力花在自己熱愛的工作上呢？還是自願參與對你來說更有趣而有意義的專案？

伊莉莎白（Elizabeth）在她的市場研究公司短短六個月內經歷兩次裁員之後，開始和我合作。當時她擔心會丟了工作，最重要的是，她一個人做三人份的工作。充滿壓力、不快樂、疲憊，而且對能獲得升遷的機會感到渺茫，很顯然她必須做出改變。但伊莉莎白不確定自己想做什麼，也不知道自己有什麼選擇，她已經將近十年沒有找過工作了，對她而言，找工作跟留在這份工作一樣可怕。

在幾個月的時間裡，伊莉莎白搞清楚了自己在職涯上想要什麼，以及目前的工作讓她付出了什麼代價。雖然她喜歡這份工作，但為了自己的幸福，她沒辦法繼續待在那種有毒的環境裡。在看過其他的市場研究公司，確定狀況並沒好到哪裡去之後，她選擇跟一間顧問公司合作，為附近的公司進行自由的市場研究。這是一份類似的工作，但與待在以往的公司相比更為自由，可以接觸新公司、新人員和新的工作模式。在做了一年的自由業之後，伊莉莎白選擇為其中一位客戶效勞，但是在產品開發團隊中擔任全新的職務。

如果你跟伊莉莎白一樣，清楚知道自己沒辦法在目前的工作中改變自己的處境，那下一個合乎邏輯的步驟，就是考慮離職。若你大致上喜歡自己的工作，並且相信自己能夠有所成就，但在目前的公司裡並非對一切都是如此，那麼下一步可能就是找一份新的工作。但要是你知道無論公司的員工、文化和福利有多棒，你都不會有成就感，那就該考慮轉職了。

紙上談兵聽起來很容易，但想到需要採取行動就足以嚇死人。在十二部曲（12-

step program）＊中，要做的第一件，也是最困難的事，就是承認自己遇到難題。在這裡也沒有兩樣。為了擁有自己熱愛的工作和職業，你必須對自己誠實，下定決心改變，這無疑令人害怕，但也令人興奮。

現在是時候回顧一下，你在第二章所回答的問題，也就是這份工作讓你付出了什麼代價，以及你對成功有什麼新的定義。你的答案跟目前的狀況相符嗎？（假如你只是大致瀏覽了那一章，請回去花點時間做練習。在你決定做出任何重大的改變之前，釐清這個方面相當重要。）

許多次，當我處於做出人生重大決定的時刻，我希望有人可以告訴我該怎麼做，希望某種無所不知、無所不在的力量，能夠指引我該如何選擇和行動，讓我能獲得成功和快樂。在我們心裡都知道那不會發生。只有我們知道什麼才是最適合自己的。但要是你因為擔憂與恐懼的干擾，而聽不見自己心裡的聲音，那該怎麼辦呢？對此，我有個小而有力的技巧，問問自己這個額外的問題：

二十年後的你，會怎麼說？

我要你想像二十年後的自己，未來的那個自己會叫你怎麼做？他會叫你再堅持一下嗎？還是他會說你已經浪費夠多時間了，鼓勵你去探索其他選擇？他會叫你現在辭職嗎？還是繼續留在這份工作，同時去探索其他「比較不切實際」的熱忱？也許他會督促你好好考慮自己創業？

問完未來的自己這個問題後，請靜下來傾聽。通常答案很快就會出現。要是沒有，那麼寫日誌或冥想會有幫助，或者只要丟出這個問題，並且相信答案會自己找上門。我沒辦法解釋這種向未來的自己尋求建議的方法有什麼魔力，但是透過這種方式可以改變觀點，有助於你跳脫思維框架，並從公正、不情緒化和長遠的角度來看待局

＊最先由無名戒酒會（Alcoholics Anonymous）採用，利用每個溫和的步驟慢慢導引酗酒者戒酒，後來被多個斷癮組織和行動原則修改，並廣泛應用。

面。試試看，你不會有任何損失。

在你清楚知道適合自己的下一步後（或甚至是在執行的過程中），請繼續閱讀，了解後續章節的工具和策略，而得以在面對不確定性和把不確定性降到最低的同時建立退路，不管那是指換工作，還是轉行。

好好生活，讓工作變順

- 你不必被困住。無論如何，你總是有所選擇。
- 要是你不滿意，又改變不了現狀，那麼請考慮找個新工作。
- 如果不管雇主是誰，你目前的職務所遇到的問題都會一樣，那就考慮轉行。
- 不確定該怎麼辦的時候，請向未來的自己求助。

Part 3

行動：
讓工作與生活相輔相成

你在尋找的，正在找尋你。

——魯米（Rumi），波斯詩人

第 5 章

要換，就換到更理想的工作

每個終點，都伴隨著另一個起點。

——〈打烊時間〉（*Closing Time*），

美國半音速樂團（Semisonic）

所以你決定要找一份新工作。與其稱為求職，我倒喜歡稱作工作吸引力。這個簡單的語詞變化，是要提醒你，你是**要吸引最適合自己的工作，而不是要找任何老掉牙的工作**。

不管你是找另一間公司的同一份工作或徹底轉行，這個章節都是起點。對轉行的人來說，下一個章節會提供更多資訊，告訴你如何填補在自己的新事業和到目前為止所累積的經歷之間的差距。不管是哪一種方式，要是你選擇離開目前的職位，那就必須是為了找到一份能為自己帶來目前所缺乏的意義和快樂的工作。否則，這就只是另一份會為你帶來同樣問題的工作而已。

這些章節的目的，是要提供策略與確實可行的行動，以幫助你找到理想的工作。在接下來的頁面裡，你不會看到求職的一百零一種方法，比如要如何寫履歷或準備面試。如果你需要這方面的協助，那坊間有大量專門針對這些主題的書籍和文章。

有時候會有人問我跟招募人員合作的問題。我認為，這是工作吸引策略中的一種工具，但我不會依賴它。請記住，幫助你找到理想的工作並非他們的首要任務，招募人員是為公司，而不是為你效勞。但要是你過去曾經跟招募人員合作、也成功過，那麼可以繼續和他們保持聯繫，但請確保，不要在他們身上花費過多時間。

對於邊留在原本的工作、邊找新工作的人，在我們採取策略之前，先提供以下簡短的說明：**不要利用公司的資產、時間或資源來找工作**。不僅是因為你不會希望老闆在印表機上看到你的履歷表，更是因為利用雇主花錢雇用你的時間來找工作，是很缺乏誠信的事，請確保在上班時間專注於工作。你可以**利用休息的空檔找工作**，比如說，我的客戶甚至會帶個人筆電或平板去工作，以便午休時間在星巴克可以查看電子郵件和職缺訊息。

要吸引到你夢想中的工作有三個步驟。你必須具備：

1. 清楚的訊息傳遞

2. 一致的個人品牌設計
3. 聰明的自我行銷

聽起來像市場行銷活動，對吧？那是因為找工作就是這樣，而你就是其中的產品和服務。以百貨公司為例，它們在本質上都是一樣的，對吧？才不是。梅西百貨（Macy's）和薩克斯第五大道（Saks Fifth Avenue）都是大型商店，販售從化妝品到服飾的各種商品，但每種商品都變化出完全不同的形象，那是因為它們的訊息傳遞、品牌設計和行銷方式都不相同。

梅西百貨歷來以中階品牌與大量銷售聞名，吸引了各種不同年齡階層與收入水平的顧客。梅西百貨比柯爾百貨（Kohls）更為精緻，但又比諾德斯特龍（Nordstrom）這樣的百貨公司更為平易近人。現在想想同為百貨公司的薩克斯第五大道，多數人會認為這是高端的百貨公司。其客戶的收入更高，也偏好奢侈品牌。直接拿它跟梅西百貨相比，商店外觀與內部的感受都更為壯觀。

我們會知道這所有的一切，都是因為這些商店結合了訊息傳遞、品牌設計和行銷方式。從宣傳文案、廣告，到線上形象與店內體驗，都建立起商店的名聲與個人見解。當三者並存的時候，身為消費者的我們就能夠辨識出來，並且知道這是否符合我們的需求。

若適用於產品與服務，那也就適用於人們。想像一下電腦產業的兩位先驅，美國企業家比爾・蓋茲（Bill Gates）和史蒂芬・賈伯斯。想想美國作家東尼・羅賓斯和美國電視主持人歐普拉（Oprah），他們對自助產業都有偉大貢獻，提倡人們要成就最佳自我。想想同為美國總統的巴拉克・歐巴馬（Barack Obama）和唐納・川普（Donald Trump）。這些人都從事或曾經從事類似的工作，但因著他們所代表的立場、訴求的對象和行銷自己的方式，而各不相同。對於你和你的求職（吸引力）來說，也是如此。

靠列清單，釐清自己的需求

找新工作的第一步，就是要有清楚的訊息傳遞。你必須了解自己是誰，以及在理想的工作中你能有什麼貢獻。接著，確定你的目標受眾，然後明確地向他們傳達你的訊息。

如果到目前為止，你都有跟上本書的問題，那應該會很清楚自己對下一份工作的要求。接著，我要你將這些要求寫下來（包括沒得商量的部分），並列出你想為之效勞的十間公司清單。這會有助於你專注，拒絕誘人但無法帶你通往幸福與充實的機會。

舉例來說，居住在芝加哥（Chicago）郊區的資訊科技顧問卡洛（Carlo），儘管獲得了客戶的好評和三年保證的管理職位，但還是再次與升遷擦身而過，他知道是時候該採取行動了。他喜歡自己的工作，但也清楚在目前的公司已經沒有升遷的空間。我要求他做的其中一件事，就是寫下一份清單，列出對新工作的所有要求。除了列出他想為之效勞的公司清單，他還列出了以下五個沒得商量的條件：

- 地點：芝加哥地區或能夠遠端工作的地方
- 薪水：依據公司規模，總薪酬介於七萬五到十一萬美元之間
- 層級：依據公司規模，高階經理以上
- 出差：不超過二五％
- 有機會管理團隊並建立領導能力

如果他在接到第一份工作邀約的時候就接受，那麼也許不會花那麼久的時間，但透過了解與堅持自己的需求，卡洛找到了一份比預期更高階、薪水也更高的工作。

在搞清楚工作和公司的目標後，你得要能夠清楚說明自己的貢獻或優點。也就是說，你的年資和經歷類型、正規與非正規教育，以及對工作與生活的熱忱，為何讓你

成為這份工作的最佳人選？

接著是你對「原因」的表述，通常稱為「電梯簡報」（elevator pitch）。無論是在社交場合、飛機上，或根本就在電梯內，能夠清楚、簡潔地傳達訊息都相當重要。如果你發現自己曾經在別人問你工作的時候支支吾吾，那你就更會感激有這樣的練習了。試著背下幾句話，就更容易能在不讓別人分心的情況下，清楚表達自己的身分、價值以及要求，然後隨著對話繼續了解更多細節。

要完成電梯簡報有很多種方法，但我喜歡用以下的公式：

原因表述（Why Statement）＝你的名字（Your Name）

＋

你幫助的對象（Who）

＋

你幫助他們的方法（How）

＋

你打算從事這份工作的地點（Where）

舉奧斯汀（Austin）的例子來說，他在大學畢業後從事了五年的顧問工作，套用這公式，你會聽到的介紹是：「我喜歡幫助公司改善他們的客戶體驗。為此，我會去找出並解決影響線上客戶體驗的低營運效率問題，其中包括結帳的便利性與自動推薦的實用性。在我的顧問職涯中，我曾和十間以上的零售業頂尖品牌合作過。現在我正在找零售商的職缺，才更能發揮我的影響力。」

建立一致的個人品牌設計

有了清楚的訊息傳遞之後，下一步就是建立（或提升）你的個人品牌設計，讓它跟你的原因表述能夠一致，並引起目標受眾的共鳴。第一篇有關個人品牌的文章，在二十多年前發表在《快速公司》（*Fast Company*）上。美國作家湯姆・彼得斯（Tom Peters）在〈稱之為「你」的品牌〉（*The Brand Called You*）一文中告訴讀者：**「我們都是自己公司的執行長。在今日的商界裡，我們最重要的工作，就是要成為『你』自己品牌的頂級行銷員。」**他認為你的個人品牌，是讓自己脫穎而出、建立並找到最適合自己角色的門票。我完全認同。

你的個人品牌結合了你的才能、成就與你所代表（或想要代表）的一切。你的品牌跟梅西百貨、歐普拉或任何產品、名人一樣，取決於你的聲譽與別人聽到你名字時的想法。你可以掌控和你面對面或你在線上時給人的印象，這對於你能否找到工作或爭取到面試機會，能發揮重要的作用。

先談一下面對面的部分。就專業上來說，這包括你在辦公室、在這個產業裡的名聲。這關乎你會如何應對社交場合，或是包含你的專業聯絡人在內的個人情況。想想你一直受到讚揚的技能，還有你是否已經成為特定類型專案的必備人選。你想以此為名嗎？如果不想，那麼請想想自己可以做什麼改變，讓聲譽和目標能夠更一致。

若你是個滿懷抱負的烘焙師或活動籌辦人，而且以烘烤絕佳布朗尼和舉辦大型慶祝會聞名，那也許很不錯。但如果你的職務是市場行銷經理，你也希望自己是以行銷能力聞名，那麼就可能要把烘焙食品放在家裡，並且在下一次的會議中發言，甚至自願報告。

跟你個人聲譽一樣重要的，是你的線上形象。那是因為通常別人在見到你、或和你熟識之前，是以第一印象來評斷你。我們都會這樣做，不管是在商務午餐時和新同事見面，或是考慮和交友軟體上的對象約會的時候，大多數人做的第一件事就是上網搜尋他們。

要是你的線上形象很完美，而且跟你的目標和訊息很一致，那你很容易就能讓招募經理在還沒聽到你聲音之前，就確定你適合這份工作。若非如此，那你可能會因為別人依著網路所見對你下了評斷，而永遠不知道自己錯過了多少機會。

以下是四個管理線上形象的領域，有助於你實現自己的工作吸引力。

定期審核你的線上形象

首先從一般搜尋開始，以確保不會出現那些你不想讓招募人員或潛在雇主看到的東西。要是有的話，那麼請盡你所能地把內容拿下來、移除標籤，或者要求網站管理人這麼做。另一方面，就算出現的僅只是你的領英（LinkedIn）帳戶，也請確保有東西出現。在當今世界裡，**什麼形象都沒有跟出現負面形象一樣，都可能是危險信號**。

你可能是注重隱私的人，或者因為從大學畢業以來，一直待在同一間公司，所以從來不需要領英帳戶。但別人可能會好奇為什麼你沒有，甚至會以為你想要隱匿什麼事或根本是個科技白痴，兩者對找工作的人來說都沒有幫助。透過定期搜尋自己的名字，設置搜尋警示提醒功能，或甚至是使用像 BrandYourself 這樣的線上信譽服務，來提醒你任何有可能的負面搜尋結果，讓你能夠維護自己的線上形象。

檢視非專業的社群媒體帳戶

若是潛在的招募經理看到你 Facebook、Instagram、Snapchat 和繽趣（Pinterest）的留言板，那會對你有益還是有害呢？特別是後者。就算是中立的，也請考慮把對你無益的發文或留言設為不公開或刪除。往後在發文、留言或分享之前，想想這是否能增加你的價值或者和你的個人品牌保持一致。負面、政治和任何兩極分化的內容都是要避免的重要敏感議題，除非那是你品牌的一部分，而且能幫助你獲得工作機會。

更新你的領英個人檔案

為了不走漏風聲讓目前的雇主知悉，在你更新之前，請確保已經關閉所有活動或個人檔案更改的通知，然後繼續依照以下內容更新個人檔案：

- **近期的專業大頭照：**這根本不用說，絕對不能用十年前（體重還多了十五公斤）的自拍照或照片。請記住，這可能是你給別人的第一印象，投資專業照片是很值得的。
- **標題：**領英會自動以你的頭銜加註，但我建議在你的標題裡加上自己的主要技能，以幫助你傳遞訊息和最適合這份工作的技能，這些都能在別人點開你的個人檔案之前達成效果。所以你可以寫上「數位行銷專家、網路紅人、搜尋引擎最佳化（SEO）」而非「社群媒體經理」。

- **經歷與技能**：除了更新你的經歷，請確保也涵蓋了成就、獲獎和你寫過的文章。這跟履歷要點一樣，每一行以動詞開頭，並儘可能使用數字（例如：管理十人團隊、削減二〇％的成本、完成八〇％的交易）。最後，要是過往的經歷、證書等等無法直接或間接地顯示你就是這份理想工作的最佳人選，那麼請考慮把它們全部刪除，以免分散掉對其他訊息、技能和經歷的注意。
- **建議**：雖然最好的，是養成在成功的專案之後、向他人尋求建議的習慣。但在你的個人檔案裡加上一、兩則評論也不算晚。尋求雇主的建議也許不太明智，因為這可能會走漏風聲，那不如徵求客戶或過往合作對象的建議吧？就算是某個統籌員自願提供的表揚也可以。另外，提供社交證據證明你是多棒的人，對於建立你的個人檔案也是有幫助的。
- **機會設定**：隱私權是另一個相對較新的功能，現在你可以開啟這個選項，向招募人員和招募經理發送信號，告知自己正在等待新職缺。這並非公開，你的同事和經理不會看到（除了在極少數情況下，他們就是招募經理，而且正在查看你的個人檔案）。

保護個人網站

如果可以，請購買自己的網域名稱。若你目前並不需要，那把它轉發到你的領英帳戶就好。幾年後當你需要它的時候，你會很高興自己有這樣做。就算沒有那一天，這也是另一種方式，可以掌控搜尋你名字的結果，並且確保和你同名同姓但聲譽不佳的人，不會對你造成負面影響。

聰明的自我行銷

就產品和服務而言，行銷包括電視、線上、平面廣告到店內銷售與客戶體驗等所有內容。對你來說，主要會是在網路上，需要你的線上形象去支撐。清楚了解你所找尋的工作、傳遞自我價值的訊息，以及了解目標受眾（公司）之後，就是時候該開始和別人談談了。我知道，網路的名聲並不好。但事實上，多項研究顯示，將近八五％的工作都是透過網路完成的。對我的客戶和我自己而言也是如此，我大學之後的所有工作幾乎都是推薦來的。

成功行銷的第一步，是要出現在目標受眾面前。就像保健食品品牌可能會在健身房或健身雜誌上做廣告一樣，你得出現在這個產業的同事、招募經理和招募人員面前，以及你首選公司的所在地。從會議、社交團體和協會開始，並且學習把任何社交場合都視為練習傳遞訊息的機會，因為你永遠不會知道，在星巴克排隊、在健身房或在過機場安檢的時候會遇到誰。

當我們來到行銷的階段，很多客戶都告訴我，想到要對話、交際就讓他們感到畏縮，這包括各種膽怯的原因與對自我行銷的不自在。但就像前面所說，這是找到下一份工作絕對必要的步驟。為此，以下是五個我最重要的社交訣竅。

結交朋友

我再說一遍，心態非常重要。重新塑造你目前的社交概念，把它想成是跟志趣相投的人見面與聯繫。這並非一場活動，而是要建立長期的互惠關係。

只參加你感興趣的活動

請找到你真正感興趣的活動，那麼就算你沒有建立任何良好的連結（朋友），你也能從中受益。別人可以從你展現的活力看出你不想待在這個地方，這會影響你跟他人的互動，破壞出席的目的。

參與並達成自己的目標

特別是對性格內向的人來說，想到要跟一群陌生人交談就令人害怕。所以請設定目標，告訴自己，你每週參加一場社交活動或每次跟三個人交談後就可以離開。幾次之後，你已經習慣了，就會想要待得更久，就算不想，也不會感到愧疚。

我認為社交跟生活中大多數的事物一樣，質必重於量。比起到處找人攀談、拿到最多的名片，幾次真誠的談話反而才能讓你獲得更多價值，交到更多朋友，並有助於你認真參與更多有意義的談話。你不會想要成為那個邊聽人說話、邊越過對方肩膀尋找下一個談話對象的人。

增加價值

社交之所以讓我們感到不自在的原因之一，是我們以為唯一的目的，是要從別人身上得到某樣東西。所以不要那樣做。不管是自我介紹或是簡單地推薦一本書，都希望你能在要求任何東西之前增加自我與談話的價值，讓彼此關係得到自然發展。隨著別人對你的了解，很多時候你甚至不必問，他們就會自然地想到適合你的機會。

準時抵達，提早離開

我曾經以為，時尚地遲到是出席社交場合的最佳策略，後來我才明白，在大家都已經各自分圈之後，要加入話題會更加困難。要是你能準時抵達，那就能跟一個小一點、也不那麼嚇人的小組待在一塊，彼此更容易親近。

請給自己早退的權利，正如蘇珊・坎恩（Susan Cain）在《安靜，就是力量：內向者如何發揮積極的力量！》（*Quiet: The Power of Introverts in a World That Can't Stop*

Talking）一書中所說：「內向的人可能具有很強的社交能力，喜歡參加派對和商務會議，但不一會兒就會希望自己待在家裡穿著睡衣。」你也是這樣嗎？若是如此，那麼光是知道自己不必一直待在那裡，就足以成為你出席這場活動的動力。出發之前下定決心，只要達到自己的極限就可以離開。大多數人甚至不會注意到你已經離開，有發現的人也只會很高興你有出席參與而已。

除了面對面的交流，使用線上交流不僅能讓你跟遇見的人彼此聯繫，更能夠建立新的連結，尤其是跟你想要為之效勞的公司。在領英網站上，不僅可以請求建立連結，還可以用幾句話定製自己的邀請、自我介紹，並說明要求建立連結的原因。比如，你可能會說他們的背景令你印象深刻，所以想要跟他們建立連結，並了解更多他們的經歷。要是他們同意了，那麼請追蹤對方的狀況，並建立幾次談話的機會。若有一〇％到二〇％的人願意進行談話，那你就已經很幸運了。

你們談話的時候，無論如何都要當作是「資訊訪問」（informational interview）。準備好問題（別只是說你想要「討教問題」）、尊重他們的時間，並謝謝他們和你談話。為了保持關注，可以每一、兩個月追蹤一次狀況，比如分享文章或告知他們可能會感興趣的活動。

你不必依賴領英，但你可以利用它在線上了解並應徵工作。也許你不會這樣找到工作，但可以把這當作一種研究形式，提升訊息傳遞、更新履歷與領英個人檔案，讓自己成為更適合這份工作的人選。

清楚的訊息傳遞、一致的個人品牌設計和聰明的自我行銷，將有助於你吸引夢想中的工作。要是你知道自己需要離開目前的工作，也相信在這個職業或產業裡，要實現自己對成功的新定義有太多障礙，那就是時候該考慮轉行了。若選擇這樣做，那麼前述的步驟依然適用，但你就需要更努力去填補你目前職業與新跑道之間的差距。

好好生活，讓工作變順

- 找新工作的時候，請把自己視為產品。
- 清楚的訊息傳遞、一致的個人品牌設計和聰明的自我行銷，是成功吸引工作的關鍵。
- 你的線上形象應該要能反映出你的技能、經歷與教育程度，讓你能夠成為理想工作的最佳人選。
- 社交是必要的，但不必成為累贅。結交朋友、增加價值，並提早離開，善用自己的社交時間。

第 6 章

為了夢想，成功轉換跑道

成為自己想成為的樣子，永遠都不嫌晚。

——喬治·艾略特（George Eliot），英國小說家

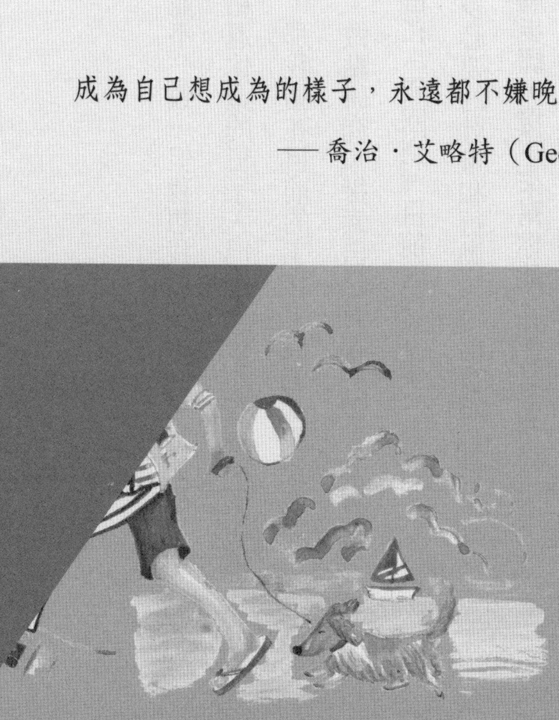

儘管人們一生中轉行次數的統計數據並不一致，但我想我們都認同，從大學畢業到退休都為同一間公司效勞，以換取財富和退休金的日子，已經一去不復返。轉行看起來好像很可怕，但要是你正在閱讀本文，那我猜在目前的工作上度過餘生反而更可怕。從我的角度來看，你不會有什麼損失。做點研究、探索自己有哪些選擇其實無傷大雅。要是你決定不轉行，那也還是可以留在（或回到）目前的崗位上。

跟傳統的求職方式相比，轉行需要更多必要的計畫和行動，才能實現你的夢想。以上一個章節的步驟為基礎，另外增加一個步驟，接下來幫你建立轉行計畫。

弄清楚自己想做什麼

轉行的時候，花點時間弄清楚自己到底想做什麼，比以往任何時候都來得重要。

隨著你了解更多，持續提升自己的想望與相對應的訊息傳遞。對於想要做什麼，你可能已經有想法。要是沒有，那麼除了上一個章節的問題，還有一些更普遍需要考量的問題：

- 你在空閒時間喜歡做什麼？
- 你喜歡解決什麼問題？
- 你想為誰服務？
- 要是你什麼都能做，那你會做什麼？
- 你小時候的愛好是什麼？
- 你總是因為什麼事被稱讚？

跟本書裡的其他重要問題一樣，用筆記本或 Word 檔，好好花時間探討這些問題相當合理。答案可能很明顯，就是某件你很擅長、卻認為理所當然的事。

安卓雅（Andrea）是我的前客戶，現在是我的好朋友，她曾經在一間醫療保健公司從事市場行銷工作。多年來，她一直被要求得在產業會議上演說。這是她喜歡做的事，而且可以讓她離開辦公室，去參加那些會超出預算的活動。

演說對她來講很輕鬆，所以她並沒有意識到自己的天賦多特別。大多數人在會議上演說二十分鐘會得到報償，而她不但廣受歡迎，還得到交通費和住宿費的補助。一直到我們花了點時間回答前述的問題，她才認真考慮應該要以此為業。現在安卓雅離開這間公司的工作已經有幾年的時間，目前是醫療顧問自由業者，還有像你猜的那樣，繼續在產業活動上發表演說。

技術上來說，她是轉換了跑道，但跟她之前所做的工作卻感覺相去不遠。透過運用自己對醫療的專業與對演說的熱忱，安卓雅得以打造出自己所熱愛的工作。

一旦對下一份工作有了大概的想法，你的目標就是要填補目前經歷與理想工作需求之間的差距。這就像我們在上一個章節裡所建構的訊息，但需要更多的想法與創意，來凸顯你的技能與背景如何讓你成為這份新工作的最佳人選。

以我自己為例，這個過程對我來說很有用。起初我知道自己準備好離開顧問業的時候，並不確定接下來要做什麼，只知道我想要一份公司職務，可以做自己喜歡的工作。我檢視了過去幾年的工作內容，決定要找一份涵蓋我喜歡的部分的工作。策略、腦力激盪、找尋並交流解決方案，但不包括我最不喜歡的任務，比如花一整天的時間處理 Excel 表單。我想要有自己的團隊、更多發揮創意和以自己的方式管理專案的餘地。後來，透過交談與研究，我才發現這指的就是策略總監（Strategy Director）。

我研究了自己會感興趣的產業。對於一直熱愛心理學和市場行銷的我來說，「零售業」這個需要了解並向人們銷售的產業，看起來就相當適合。我寫下了想為之效勞的十大理想公司清單，做了一番研究，也和在這些公司任職的人建立了連結。隨著我跟越多人交談，我就越清楚自己想要什麼樣的工作，並依此提升了自己要傳遞的訊息。在建立電梯簡報和分享自己的故事之時，我把注意力放在適用於這個新職務的技能和經歷上，並且特別注意他們認為我所缺乏的條件，這樣我就能夠吸取經驗或想辦法解決他們的擔憂。

用線上形象展現相關技能

除了上一個章節裡的個人品牌策略，還有其他可以用線上形象來展現自己是專家，或至少跟你理想產業或職業有關的方法。我透過在領英和推特（Twitter）上分享和評論相關的零售策略文章，甚至針對我參加過的零售活動撰寫部落格文章，好為我的網絡形象增加價值。這讓我得以在線上搜尋中與零售業對話，建立關係，其中也不乏一些有價值的連結，為我帶來面試的機會。想想這對你有什麼幫助。可以像我分享文章那樣簡單，針對你參與的產業活動發文，或在你的領英個人檔案上，用更明顯的方式展現你的相關技能。

拓展理想產業的人脈

就行銷或社交方面，基本要素也一樣。唯一的差別是，因為你的網絡不太可能有太多你理想職業和產業的聯絡人，所以你可能需要更主動一點。

我建議你先把精力集中在資訊訪問上（這在上一個章節裡提過），這有助於你建立連結，做為研究之用，更能幫助你清楚地傳遞訊息。你會更了解你的理想工作與職涯轉換。想想搜尋的時候，想要成功會需要了解什麼？當你對這些問題有了答案，再因人而異做調整。通常，從高層級的人開始很合理，再接著深入了解他們的經歷與目前的職位。你可以從以下的問題開始問起：

- 你是怎麼進入這個產業的？（興趣、經歷、教育）
- 這個產業裡，你最喜歡和最不喜歡什麼？職位？公司？
- 雇人擔任這個職位的時候，你的條件是什麼？
- 若換作是你擔任我的職位，那你下一步會怎麼做？
- 還有其他的建議嗎？
- 在我蒐集資訊的同時，你還有其他建議我建立連結的對象嗎？

設定每週跟理想領域中的五個人聯繫的目標，請求他們讓你做資訊訪問，每個月要至少跟四個新的聯絡對象交談。除了資訊訪問，加入並參與相關的領英群組、產業組織和現場活動，以做為學習和結交新朋友的方式。

補充步驟：要有先見之明

無論你是要轉行還是換工作，你得快速地了解這個新世界。了解你想要的、能提供的以及你的期望，這有助於你提升自己的訊息傳遞、建立個人品牌，讓你的履歷、領英個人檔案與線上形象能夠支撐你轉換到這個新產業的能力。此外，掌握新理想領域的最新消息，也會讓你的社交談話更輕鬆。了解問題所在會有助於你找到增加價值的新方法。簡而言之，要是你想轉行，那就得活出你理想中的世界。

要做到這一點，以下有四種方法：

打造閱讀的慣例

在跟你即將轉換過去的產業或領域的人交談的時候，請教哪些是他們最喜歡的書籍、消息來源與時事通訊。接著購買並閱讀這些書籍，訂閱電子郵件更新。一天剛開始的前十五分鐘，你應該要花在閱讀新聞上頭，了解這個新世界的事件、公司、趨勢與主要參與對象。創造共通點會讓社交變得容易許多，因為了解這個產業的新聞就足以讓他們覺得你是「其中的一員」，而不是試圖闖入的外來者。

做好研究

你還需要對這個產業、目標公司和你有興趣的工作進行深入研究。透過查看個人檔案，跟擔任你理想職位的人交談，來確定是否需要其他的證書或學位。在結交新朋友或在線上聯絡的時候，請他們讓你進行資訊訪問，以更了解他們的職位、公司和產業。對某些人來說，有了「交談」的理由會讓社交變得更容易，同時還可以建立長期的連結與關係。

多多學習

依著你想做的改變，你可能需要學習更多知識，而非只是閱讀書上跟線上的內容。如今，隨著教育的民主化，你有許多免費線上課程可以選擇。像是從 Udemy 和 Coursera 之類的網站開始，現在你甚至可以參加哈佛大學、麻省理工學院和加州大學柏克萊分校許多廣泛主題的免費課程。線上資源雖然很棒，但絕對不要以此取代現場活動，因為參加會議、午餐會和小組討論可以達到教育和社交的雙重目的。

累積相關經歷

請發揮創意，並找方法接觸你想要從事的工作類型，主動吸取經驗。這就像在工作上，對另一個部門的專案展現興趣並報名參加一樣那麼簡單。假設你要從市場行銷轉到金融，你可以自願擔任教堂或你最喜歡的慈善機構的書記。或者你也可以考慮加入 Taproot 這類專門將願意提供自己時間的專業人士跟需要他們技能的公司連結起來而成立的組織。

雖然轉行比起只是換工作要花上更多的精力和時間，但為了找尋你所缺乏的意義和快樂，這絕對可行，也絕對值得。我懂，因為我經歷過，也成功轉換了跑道。但我差點沒做這件事，因為我怕在顧問業待了快十年，沒有公司會給我機會，就算有，我也得從基層開始。當時我的一些朋友也這麼認為，這對我一點幫助也沒有，因為他們一樣害怕轉行（也因此勉強留在一份讓自己痛苦厭煩的工作上）。不過我要告訴你，這根本不是事實，我是說真的，不僅是對我自己，對我的客戶也是。

每當我們做出重大改變，就一定會遇到挑戰。在下一個章節裡，我們會探討找新工作或建立新事業的主要障礙，以及要如何克服障礙。

好好生活，讓工作變順

- 無論你的背景如何，你隨時可以轉行。透過探索新事物，你不會有任何損失。要是你做了改變，結果不喜歡，那你也隨時可以回到目前的職業上。
- 你有責任填補目前職位與理想工作之間的差距。透過凸顯相關技能與專案、必要的時候吸取適用的經驗，來做到這一點。
- 運用資訊訪問作為學習新知、提升訊息傳遞與在理想產業結交朋友的工具。
- 持之以恆，透過定期的閱讀慣例、做好線上與面對面的研究、多多學習並了解相關經驗，以了解你理想的職位與產業。

第 7 章

克服恐懼，度過難關

枝芽茁壯所冒的風險，比開成花朵更為痛苦，這樣的日子已經到來。

——美國作家阿內絲．尼恩（Anais Nin）

跟任何重大變革與新事業一樣，我們可以預期過程中一定會遇到挑戰。真實的和想像出來的疑慮與恐懼，可能會讓你停滯不前，甚至阻礙你起程。以下是我和我的客戶所遇到的主要障礙，以及我們用來克服障礙的解決方案。

恐懼① 沒有足夠的時間

這也許是最常見、也最容易理解的原因，足以讓我們延遲完成任何事情。從減肥、學習新語言到寫書。我懂，你有全職工作，所以幾乎沒有時間處理其他職責。但事實是，永遠不會有完美的時間點，如果夠重要的話，你不必把事情弄得那麼困難，也會找到方法。

解決方案：在多數情況下，每天花三十分鐘的時間

你可以把找工作這件事當成全職工作來做，但並不一定要如此。為了避免找工作的繁重任務把你壓垮，請把你的目標分成小而獨特的行動步驟，遵循目標計畫，按照時間表執行，堅持每天做一點點，讓它成為自己日常慣例的一部分，就像刷牙一樣。你一樣可以很有效率，甚至有更高的效率。以下是前一個章節裡提到的一些活動範例，當被分成每日或每週任務的時候，就不會花很多時間，也能夠滿足你找新工作的期望。

養成平日早上十五分鐘的閱讀習慣

如同上一個章節所說，無論你是要轉行，還是要找類似公司的同一份工作，了解這個新領域絕對是個好主意。透過訂閱一些時事資訊或在書籤加入自己最喜歡的產業

網站，在每天早上起床的十五分鐘，閱讀跟自己的產業和職業相關的新聞和趨勢，有助於你進行社交談話，讓你能夠透過分享相關文章來增加價值，甚至可能在整體的求職中激發出新的想法。

每天跟五個聯絡對象建立連結

根據你的情況，可能是在領英上發送電子郵件或是追蹤目前的聯絡對象並維持關係。假設你正在找新的職業，而你的目標是每天要跟五個聯絡對象建立連結。這花費的時間並不會很長，就算一週裡你只有五天這樣做，一個月後你也已經跟一百個人接觸了。若將回覆率保守地假設為一〇%到二〇%，那麼一個月後也有十到二十個新的聯絡對象，這很重要，因為它有可能為你帶來下一個機會。

每週至少參加一次社交活動

不管是下班後的專業協會會議、午餐學習會或是跑步俱樂部，請堅定持續出門參與社交、結交新朋友，並定期談論你的熱忱。

恐懼②　擔心錢的問題

這個擔憂分為兩種，第一種是你需要減薪，才能找到一份令你滿意的工作。有可能確實如此。雖然收入降低並不像我所擔心的那麼嚴重，但我離開顧問業的時候，就是擔心這個。在我轉行後，我的工時減少了，更享受工作，也能夠享受生活。我有時間和精力去旅行和探索世界、專注於我的感情生活，還有學習烹飪。比起在顧問業，我更快樂，也更充實。

要是你發現自己因為收入減少而感到掙扎，那麼我建議你重新檢視對成功的定義，以及目前工作的個人開銷。如果你覺得這筆錢足以讓你留在那裡，那很好。因為當談到快樂和成就感，只有你自己知道什麼才最重要。

我最常見對錢的第二種擔憂，跟離職有關。也許你被解雇了或覺得別無選擇，只能辭職。儘管我不建議辭職，但這完全取決於你的情況。就像我得辭掉顧問工作才能轉行一樣，因為通勤和瘋狂的工時，讓我根本沒時間社交、開會或面試。

解決方案：了解自己的開銷，並找到新的收入來源

在解決潛在的經濟問題之前，你需要了解自己的開銷，目前及得以生存的最低需求。也許你已經有紀錄，但是對我們當中許多人（包括金融專業人員）來說，這是個

從未碰觸過的領域。這是大多數成年人最主要的壓力來源，所以若是到目前為止，你還在逃避面對這個財務問題，那也可以理解。但要是你想要提升自己，那就是時候要拿出點男子（女子）氣概，好好面對這些數字。再接著制訂基本預算，找出能夠存更多錢、節省更多開銷，以及找到新收入來源的方法。

決定出你的數字，並制訂計畫

整理出你需要多少錢才能維持目前的生活模式、能過得去，但又能過得舒適。數字可能比你想像中還要來得少。你可能聽過十年前《正向心理學雜誌》（*Journal of Positive Psychology*）所做的研究，他們發現當收入達到七萬五千元美元，你就不會因著收入增加而感到更快樂。而就二〇一七年的美元價值來算，那大概是八萬五千元美元，但可能還是比你以為的還要少。

若要決定出你的數字，那麼請先看看你的開銷。使用 Mint 這樣的理財服務可能會有幫助，更簡單的做法，是檢視信用卡對帳單，並在一週內追蹤所有現金交易狀況，記錄自己的錢都花到哪裡去了。透過檢視你目前的生活模式，找出可以減少開銷的地方，就算只是暫時的也好。接著要制訂預算，其中要包含你的「必備」金（房租、水電、食物、保險等），還有你的「奢侈」金（假期、外出用餐、按摩等），每個人的狀況都不相同。

以我親愛的朋友蘇（Sue）為例，她決定要辭掉在紐約市 Big Pharma 公司的高壓工作，以建立自己的線上禮品事業。她在離職之前已經存了錢，而為了要讓這筆錢可以撐久一點，也找到了可以減少開銷的地方。她自己染髮，不去髮廊。她跟朋友見面敘舊時不約在昂貴的餐廳吃晚餐，而是約在酒吧的歡樂時光，這時段會有優惠的飲料和開胃菜。

雖然她必須更仔細考量錢花在什麼地方，但有些方面她還是選擇不節省開銷。蘇還是保有了健身房的會員身分，因為她知道這有助於她在過渡時期保持理智。她會花錢乾洗衣服和購買新鞋，確保自己在面試和社交活動裡，讓自己看起來很專業。

預算確定之後，你就可以用時間表來建立逃生計畫。如果有可能的話，那我建議在**離職前，至少要有六個月、但最好是十二個月的「必備」金**。而這可能來自接下來所討論的存款或其他經濟來源。

兼職工作

雖然可能無法支付所有帳單，但在找工作的時候做兼職工作有很多好處。這能夠提供你更多的財務空間、保持你的技能敏銳，並且更容易外出社交。除了在當地的咖啡廳工作（雖然那也可以），你還有很多其他選擇。像格理集團（GLG）和商業人才集團（Business Talent Group）這樣的顧問公司，讓專業人員可以更輕鬆地在企業做兼職項目的工作。也許你還有其他才能或技能，可以讓你在短期內賺取額外收入。比方說，我離開顧問業要轉行的時候，除了接本地初創公司的案子，在找工作的同時，還利用自己的教學經驗，接下幾個一對一的家教學生。

尋找其他的經濟來源

請發揮創意尋找其他的經濟來源。除了動用自己的積蓄，你也可以從家人、朋友那裡借錢、貸款或兌現挪用退休儲蓄計畫的一部分。

恐懼③　條件不符

你可能聽過各種不同的統計數據，認為女性在未滿足所有條件的情況下，找到工作的可能性遠低於男性。在引用這個統計數據的同時，通常還會附上一些建議以增強信心。說的比做的容易。但除了信心，人們（尤其是完美主義者）通常會以條件不符作為藉口，延遲做出這個令人恐懼的重大改變。但只有你自己知道什麼才最重要。

這讓我想起美國前總統狄奧多・羅斯福（Theodore Roosevelt）一句我最喜歡的名言：

每當人家問你能否勝任這份工作時，請告訴他們：「當然可以！」然後好好想想要怎麼做。

我喜歡那句話的精神。儘管情況的細節會有不同，但我知道你很聰明、始終如一，而且足智多謀。你就是這樣才能走到今天這個位置。所以只要你不讓自己對條件的恐懼（藉口）成為阻礙，那麼這些特質就會帶你進到下一個階段。

此外，無論是真實還是想像出來的恐懼，有很多方法可以增強你的知識、條件和信心。（只要別讓恐懼阻礙你對自己的夢想採取行動就行。）

解決方案：找到學習和吸取經驗的方法

有關如何吸取知識與經驗的詳盡討論與範例，請見第六章。根據你轉行的性質，若你是要轉到法律或醫學專業，那可能需要研究一下證書或學位。你可以透過研究、跟業內人士交談、掌握最新消息，以及參與免費或付費課程，來吸取知識，並透過自願參與工作上、非營利組織的專案或透過諮詢來吸取經驗。

再來，闡述自己的背景、技能和工作內外的經歷，如何讓你成為這份理想工作的最佳人選，就是你的責任了。你所有搜尋活動的基礎，包括社交和面試，是透過建立清楚的訊息傳遞與一致的個人品牌設計來實現。

恐懼④　擔心家人、朋友、同事怎麼想

人們面臨的一個最大挑戰，就是任何人的批判。他們擔心父母會認為自己不負責任，朋友會覺得自己瘋了，還有超過十年沒講過話、八年級時候的愛慕對象，會因為自己的領英個人檔案，覺得自己是個魯蛇。

這讓我們想起，某些過重的人第一次到健身房時，會擔心別人因為他們的外貌盯著他們看，或批判他們。但大多數人都非常專注於自己的鍛鍊和身體，根本不會注意到他們。同樣的概念也適用於我們害怕的所有批判。因為大多數人不是沒在注意，就是把精力都花在擔心自己成功與否上，根本不在乎我們的職涯怎麼樣。

轉行這麼重要的事，跟我們最親近的人當然很有可能會有意見。也許那甚至會是最先影響我們做選擇或是留在自己不滿意的工作上的意見。

解決方案：抱持同情心，設立界線，並限制聯絡

克服這個障礙的第一步，是對好意但無法支持我們目標的親戚和朋友，抱持同情心與理解。他們的意見很可能是來自於自己的恐懼和過去的經驗，他們只是認為自己知道要怎麼做到這一點而想要給你最好的。但只有你自己知道該做什麼才能找到自己所追求的快樂和意義，這才是最重要的。

妮可（Nicole）轉行的時候徵求了我的建議。身為女兒的她要辭掉投資銀行家的工作，轉而從事新的廣告事業之時，她的母親非常擔心，堅持不能告訴父親這件事，以免他心臟病發。妮可花了大概六個月的時間找到了工作，整個過程中，她的母親不斷質問她把錢花在什麼地方，認為在目前的經濟環境中離開那麼好的一份工作，根本是大錯特錯，並且一再提醒她，公司不會雇用前銀行家從事廣告工作的所有原因。儘管存在種種負面情緒，妮可仍然知道母親是出於善意，想要保護女兒免於自己在職涯

與經濟上所承受過的遺憾。

除了善意，妮可知道自己不能讓母親苛刻的話語和批判，毀掉自己的努力與影響自己的心態。為此，她必須設立界線。在這個情況下，她得和母親來個開放、堅定而充滿愛的談話。她告訴母親，雖然很謝謝她的關心，但轉行對自己來說很重要，因為目前這份工作讓自己不快樂、也沒有成就感。妮可透過跟母親分享自己要實現這個目標的策略和計畫，來緩解母親的恐懼，並向她保證，要是需要任何建議，那她一定會提出來。但同時，她也要求不再討論職涯這件事。

要是你發現最親近的人的想法或否定，影響了你專注和保持正向的能力，那你可能也得設立界線。對於和你不親近的人（或不尊重你界線的家人和朋友），處理這些負面言論最好的方法，就是要限制聯繫。

我最喜歡的名言之一，是美國企業家吉姆・羅恩（Jim Rohn）說的「**你花最多時間相處的五個人，就是你的平均值**」也適用於此。每當你做出重大的改變，讓自己跟做同樣事情、成功、同時經歷類似挑戰的人待在一塊，會很有幫助。請多花點時間跟能夠提振你士氣的朋友在一起，並且少花點時間跟不能做到的朋友在一塊。

恐懼⑤ 不想被拒絕

我希望我能夠告訴你解決這個問題的辦法，但事實是，被拒絕是找工作或職涯過程中必經的一部分。根據你過去的經歷、個性和整體性格，就算是小之又小的拒絕，也會感覺像是一場悲劇。隨著時間過去，你的「被拒肌」（rejection muscle）就會變得更強壯。在《被拒絕的勇氣》（*Rejection Proof*）一書中，知名部落客蔣甲（Jia Jang）實際上是連續一百天被「拒絕」。這樣做，不僅讓他學會了怎麼讓人點頭「答應」，更重要的是，他建立起了信心和面對被拒絕的能力。

解決方案：把拒絕當成回饋

我不是建議你也要每天出門去接受別人的拒絕，但這跟面對許多挑戰一樣，心態可以造就很大的不同。既然不太可能應徵的第一份工作就被錄取，那麼與其把每個「不」都當作是對個人的拒絕，倒不如看看它的本質，也就是回饋。有些回饋有助於你提升自己的期盼和訊息傳遞，而其他回饋則不過是要告訴你，這間公司、職位或潛在的經理並不適合你。以後者而言，所謂的拒絕其實是要拯救你不再受另一個可能有毒的工作環境所害。或像俗話說的那樣，**有時候生命裡的拒絕，是上帝的守護**。

有時候，你會覺得面試進行得很順利，卻沒有回音，或者就算有回音，也只是被告知面試結果其實不佳。試著別把它當作是針對你個人，因為事實真的並非如此。造成這種情況的原因可能有很多，從你的經歷（太少或甚至可能太多）、組織調整到缺乏人力批准都是。我總是看到大家自認為做錯了什麼，但實際上沒拿到職缺，跟他們一點關係也沒有。

以芝加哥的資訊科技顧問卡洛為例。在一整天看似成功的面試、還得到雇主口頭表示錄取之後，卡洛因為沒得到回音，電子郵件和訊息也未得到回覆，而感到震驚與失望。幾個月後，他已經找到目前的工作，卻接到這間公司的來電，表示想要繼續跟他談上次未完的部分。他們為了沒能盡快跟他聯繫道歉，解釋當時正臨合併時期，因此在完成之前無法分享資訊或雇用任何人。而卡洛因為對目前的職務相當滿意，所以很慶幸自己並沒有讓看似被拒絕了的這個機會，阻礙自己繼續找工作，最終才找到了自己的理想工作。

若你做足功課、做好準備，也全力以赴了，那麼過度分析情況對你一點好處也沒有。要是還沒有回音，那就定期跟招募經理聯繫，持續表達你對這個職缺的興趣。因著你跟招募經理的關係融洽，你也許還會想要徵求回饋。不過請記住，雖然可能是出於法律或其他因素，但招募經理很少會直接對你開誠布公。

儘管這個時刻可能很難熬，但我鼓勵你把每次談話、求職和面試都視為禮物，視為了解自己、了解自己下一份工作想要什麼，並以此提升訊息傳遞與工作吸引力策略的方法。如此一來，這就會成為一個不斷有所回饋的循環，那麼每次的「拒絕」就能帶你更靠近最適合你的那份工作。

在試圖從顧問轉到零售策略的初期，我記得曾跟一間頂級奢侈品百貨公司的策略團隊面試過。該品牌與這個能夠跟強大女性領導團隊合作的機會，令我感到興奮。在每個面試的尾聲，我都會問及如何衡量成功。畢竟，若不牽扯到關鍵績效指標（KPIs，key performance indicators），那麼策略成功與否可能就很難衡量。

每個團隊成員給我的答案都告訴我，他們是個協作組織，所以討喜程度是最高的績效指標，只要其他領導人或團隊喜歡他們，就表示他們做得很好，就算那代表著會延遲重要的行動。

也許是因為我來自最重視結果的顧問背景，但若說我只是對這個回覆感到驚訝，那也太輕描淡寫了。我了解跟同事和睦相處的重要性，不過這跟組織成功與否卻毫不相干。而把討喜程度當作成功的唯一標準、犧牲了進步，跟我在一間公司想要有所作為的願望並不相符。結果我沒有錄取這份工作，但就算錄取了，我也會因為這個原因而拒絕接受。這個拒絕不僅讓我避開了不適合我的工作，還幫我提升並闡述了對下一份工作的訴求。

恐懼⑥ 怕會失敗，也許自己不夠好

每當我們做新事物或冒險的時候，害怕失敗、質疑自己的能力都是很正常的事。至少偶爾會如此，不過如果你沒有這種感覺，那就太奇怪了。請不要誤會我，儘管你會碰上失敗，但你也會拍掉滿身的灰，繼續嘗試，直到自己成功為止。那是身為人的一部分，但不能讓它阻止你追求夢想。

在《姊就是大器》（*Playing Big*）一書中，泰拉・摩爾（Tara Mohr）用完整的一個章節描寫「內在判官」（inner critic），講述就算是最有成就的男性和女性，也會聽到自我懷疑的聲音，尤其是在生活水平提高的時候。這個聲音刺耳、權威（還很刻薄），聽起來就像個年長的老師或是你的母親。它的發展目的是要讓我們免受未知的傷害，自我保護，但也可能讓我們感到無助。

一旦我們能夠辨別這個聲音，就能把它看作（自身以外的）個體，與它對話，告訴它「謝謝你的關心，但我可以的。」這個技巧聽起來可能有點瘋狂，但經過多年的實踐，我可以擔保它很有效。你必須承認那只是一種你可以透過採取行動、證明它不對，而得以克服的恐懼。

解決方案：調整心態，專注於自己能夠掌控的事物

我喜歡演講人在演講之前，表達自己的焦慮。他們告訴我，每當覺得自己的胃翻攪在一塊、手也開始發抖的時候，他們就會（在心裡）對自己說：「哇，我一定是太興奮要演講了。」這種簡單的心態調整，讓他們能夠駕馭，並善用緊張的能量，養成將恐懼當作興奮的習慣，而這就成為了平淡無奇與振奮人心的表現之間的差別。

請去感受恐懼，並在日誌裡寫下來，或是告訴一個會給予支持的朋友。但接著我要你放手，跟著演講人的引導，善用這股能量。感到恐懼的時候，請提醒自己，這只是你對新職業感到興奮，並期待未來在對你來說重要的工作上，感到快樂與充實的呈現而已。

我是〈寧靜禱文〉（*serenity prayer*）的忠實粉絲，它提醒我們要專注於自己能夠掌控的事物。

主啊，求祢賜我寧靜的心，去接受我不能改變的一切，
賜我勇氣，去改變我所能改變的一切，
並賜我智慧，去分辨這兩者的差異。

這對任何找工作的人來說，都是特別合理的建議。行動是消除恐懼的良藥，請把時間和精力花在你能夠掌控的事物上，例如：你的履歷、線上形象、訊息傳遞、社交網絡。

最後，請提醒自己為什麼要這樣做。定期檢視你對成功的定義、自己理想的一天，以及留在這個職位上讓你付出了什麼代價（這些都在第二章裡）。可以寫在鏡子上，把便利貼黏在電腦上，想盡辦法把所有必須離開的理由都記在心上。

不管是恐懼還是挑戰，請記得這都在你的掌控之中。若你正處於極限，那就是時候該做點什麼了。因為沒有人強迫你，所以你必須足夠想要，才能夠克服做出重大改

變後、隨之而來的挑戰。不過，我向你保證，努力絕對值得。你值得擁有一份有意義的工作所帶來的快樂與成就感，且能夠激發、啟發你的職業。

雖然本書著重在職涯，但我們也必須記得，就算我們再怎麼想要把工作和餘生分開，一切還是彼此息息相關。尤其是在轉行的過渡期，我們都必須知道自己不需要依賴工作來作為成功、意義與快樂的唯一來源。我要提出一個激進的想法，你值得只把工作當成你美好人生裡的其中一環。你認同嗎？若是如此，那麼請繼續讀下去。

好好生活，讓工作變順

- 你可以用調整心態、計畫和行動，來克服任何挑戰。
- 行動是恐懼的良藥。

- 請相信努力工作、做好準備並全力以赴的過程。請記住自己為何要這樣做。定期檢視你對成功的定義，以及留在目前的職位上讓你付出了什麼代價。

第 8 章

好好生活，工作就變順

別只忙著賺錢，而忘了過生活。

——桃莉．巴頓（Dolly Parton），美國作家

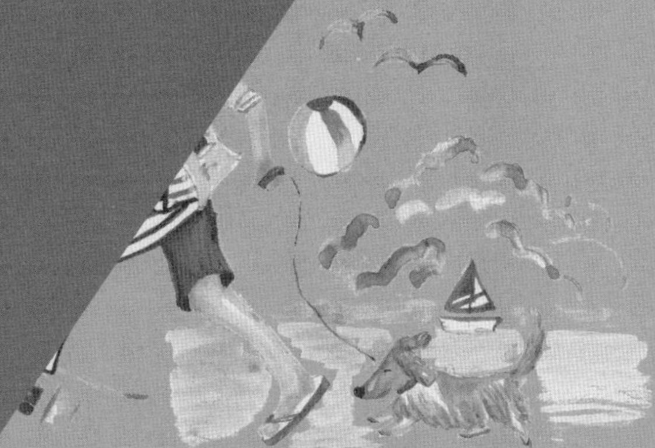

要是你曾因為一整天工作不順遂，而捨棄下班後跟朋友的聚會，選擇買外食、窩在家看網飛（Netflix），或在一整天特別緊繃的會議之後，回家跟另一半大吵一架，那麼你就知道，自己的工作對餘生會造成什麼影響。反之亦然，如果你的餘生很空虛、充滿動盪，那麼不管事業有多美好，你依舊不會感到生活的快樂和意義。

拿起這本書的時候，你肯定正視了自己工作上的問題。你可能會問自己，你的事業看起來很成功，那為何會感到不快樂？這一點都不合理。正如你所見，這有一定的原因，比如依照他人的想法和對成功的定義來做決定，而得承受不忠於自己價值觀的代價，無法以界線、生產力等等來主動地掌控工作。因為一切都互相關連，所以若不檢視一下自己的餘生，那就大錯特錯了。

在工作與生活之間取得平衡，是老掉牙卻仍備受歡迎的話題，而這具有充分理由。我確實相信兩者可以相輔相成，但不一定是同時並存。我喜歡這個比喻：要平衡生活中的各個層面，就得像玩雜耍一樣。多年前，時任可口可樂（Coca Cola）執行長的布萊恩．戴森（Bryan Dyson）為史丹佛大學畢業典禮致詞。他在當中提到：

把人生想像成一場遊戲，你必須要同時在空中把玩五顆球。你把這五顆球命名為工作、家庭、健康、朋友、心靈，而這五顆球得要同時存在。你很快就會明白，工作是一顆橡皮球，就算你掉了它，它也會再彈回來。

但其他四顆球家庭、健康、朋友、心靈都是玻璃做的。要是掉了其中一顆，那它們都會不可逆地擦傷、留下痕跡、刻痕、損壞或甚至破碎，永遠不會再跟原來一樣。

我引用這段話，是要說工作固然重要，但人生的其他領域，對我們的幸福而言，更是不可或缺，如果沒有好好照料，那就可能會帶來不利的後果。

有許多方法可以檢視我們在職涯以外的生活。對我和我的客戶來說，以下是最常出現與需要檢視的領域：

- 家庭
- 友誼
- 愛情
- 健康
- 心靈
- 個人成長
- 娛樂與休閒

我也喜歡強納森·費爾茲（Jonathan Fields）在《活出美好人生》（*How to Live a Good Life*）書中探討這個主題的方式。他把人生分為三個部分：

- **貢獻：如何在工作上與生活中，為世界奉獻自己的天賦與才能**

- **連結：與朋友、家人、另一半、自己、宇宙**
- **活力：你的身心狀態**

有趣的是，前述所有人生領域，都跟人際關係有關，無論是跟他人、自己，或是宇宙。哈佛大學進行了七十五年的葛蘭特與格盧克（Grant and Glueck）研究，證實了許多人已然相信的事。人際關係是人生中意義與快樂的關鍵。當這些關係穩固的時候，就會為我們職涯的成功提供支持。反之亦然，當這些領域有所缺陷的時候，在工作上幾乎不可能會有成就感。

因此，請問問自己：什麼是你人生中最重要的事？最能夠帶給你意義與快樂的領域？請把它們寫下來，並想想每個領域是否都健康呈現，以及你各投入多少時間在內。跟你所說的優先事項是否一致呢？

讓我們來回想一下凱薩琳，那位在紐約市的律師事務所長時間工作，而感到筋疲力盡的律師。她非常清楚，除了工作，健康和找到愛情是自己的優先事項。事實上，她的工作對這些領域並不有利。在工作完成後，她並沒有精力或時間去達成這些目標，不但體重增加、服用降血壓藥物，而且還單身（這不是出於她所願）。直到最後，她才明白健康和想要擁有家庭的渴望，重要到她不能繼續走這條路。

凱薩琳離開這間公司後，擔任一間科技公司的委任律師，地點碰巧就位在她原本辦公室的轉角處而已。她的工作時數更為合理，加上辦公室裡有健身房，讓她更能夠專注於自己的健康狀況，也有時間約會。而在她行動兩年後，她嫁給了自己理想中的男人，也為了第二次的馬拉松比賽做訓練。

你的優先事項就代表了你的價值，也會帶給你意義和快樂。所以，如果是像剛開始我跟凱薩琳合作時的那樣，**你的行為舉止跟自己所說的優先事項並不一致，那也難怪你會不快樂、覺得不順了**。

該是時候改變那種狀況了。

請檢視前述七種人生的類別，甚至加上自己的類別。並用一到十的等級為它們打分數，一是完全不滿意，十則是完全滿意。請先關注那些低於五的領域，並選擇簡單、可以衡量與有所行動的項目去改進。此刻和這週你能做點什麼，好讓其中一、兩個類別的分數，能夠提高一點或更多呢？

比方說，當我發現自己對健康感到不滿意的時候，我就會努力地每晚睡八個小時、每週運動三次、只有週末才外出用餐。如果在感情關係上並不快樂，那你也許會決定每週去約會一次，或如果你正處於一段戀愛關係之中，那就承諾好要有一個平日或週末晚上出去約會。要是你在娛樂與休閒的分數較低，那麼請規劃去看場電影、舉辦美酒佳餚之夜，或去探索鄰近公園的步道。最重要的是，維持樂趣並致力於將生活的這些層面都視為優先，要知道這除了有助於你的職涯發展，在改善這些生活層面當中所獲得的快樂，都相當值得。

意義也許很難捉摸，但實際上比你想像的要簡單得多。最大的祕訣就在於，你準備好了沒？

你本自俱足

你不需要向外尋求意義。你在生活中扮演著許多角色，而這些角色也都對你為世界帶來的價值有所貢獻。你是女兒、伴侶、朋友、良師。《意義》（*The Power of Meaning*）一書的作者艾蜜莉．艾斯法哈尼．史密斯（Emily Esfahani Smith）認為意義「並非什麼偉大的啟示。跟報紙攤販打招呼、對看似心情低落的人伸出援手；成為孩子的好父母或良師益友；敬畏地坐在星空下、跟朋友一起禱告；專心傾聽親人的故事；照顧一株植物等。儘管看似微小，但意義就存在於這些行為中。把它們加總起來，就能夠照亮世界。」

你對許多人來說，或多或少都具有意義。你可能知道原因，也可能是你永遠都想不到的方式。當我告訴你，有人需要你，而你也為別人帶來了諸多價值，那請聽好，做你自己就好。

這不會澆熄你對職涯漸入佳境的渴望。你絕對值得也能夠擁有這一切。但請了解，你已有所作為，你什麼都不缺，所以你不必過多地去在意外在世界的得失，你本自俱足。也許有點諷刺地，是在工作以外的生活中找尋快樂與意義，反而能夠為你帶來工作上的快樂與意義。反之則不然。所以別只是做好履歷，該是時候打造自己喜歡的生活了。讓職涯的成功、意義與快樂，成為你充實人生中的一部分。

好好生活，讓工作變順

- 一切都息息相關。除了職涯，家庭、友誼、愛情、健康與心靈，都對你整體的幸福有所貢獻。
- 人際關係對快樂而有意義的人生來說，至關重要。
- 做自己就好，你本就俱足意義。
- 你值得也能夠在人生的所有層面，擁有成功、意義與快樂。

結語
做出改變，永遠不嫌晚

到頭來，一切都會沒事的。若非如此，那就還不到盡頭。

——無名氏

恭喜你！閱讀此書是你邁向充實的職涯發展所踏出的第一步。我希望透過這個過程，你有了更多的自我覺察，並能夠清楚表達什麼對你來說最為重要，如此一來，你才得以擁有讓自己引以為傲的職涯發展與生活，而你清楚了解自己的選擇，以及實現這些目標的下一步。這會讓你感到成功、快樂、有意義。

此外，我希望你了解，達成目標之後，這個過程並不會就此停止。一旦你找到熱愛的工作，就很容易變得自滿，而且會專注於手頭上的日常工作。但你的夢想、優先事項、人際關係和整體狀況，都會不斷變化，也就是說，你幾年前、幾個月前的目標，可能會跟現在的稍有（或完全）不同，而為了實現目標你需要做點調整。

因此，我要求你**定期自我檢視，退一步把眼光放遠，回顧生活的各個層面，並問問自己這本書中，那些關乎自我價值、成功定義與整體幸福的問題**。少了這些自我反省的時期，你很容易就會回到舊有的習慣，並且回到那令你不快樂、不滿足的生活，然後在不喜歡的生活壓力之下崩潰。若你能規劃**每三個月做一次自我檢視那會很好，就算一年才檢視一次，也足以讓你遙遙領先**。

多年來，我一直習慣在假期和新年之間的這段時間做檢視。這段時間我的生活步調較慢，可以騰出空間來反省。這是我很期待的傳統，因為這讓我重拾保持在快樂充實的人生軌道上（或回到這條正軌）所必須的自我覺察。

這項儀式包括更新我的履歷、回顧過去一年的成就與失落，並預先為來年做規劃。我檢視生活的各個層面，從工作、人際關係到健康，我自問是否快樂，或是否需要更多時間和精力去實現這個目標。接著制定計畫，甚至是一整年的目標來實現。

不過，最重要的是，我希望你明白，在我三十歲崩潰的那天晚上，我意識到自己在看似成功的事業與大都市的生活中，有多麼不快樂。毫無疑問地，我要你知道，你所需要的一切都在你身上。要知道你不需要尋求意義，因為你自己本就俱足意義。要明白你能夠掌握自己選擇看待人生故事的方式，以及塑造人生所採取的行動。

請深刻了解自己有所選擇，而且無論你的經歷（或缺乏經歷）、學歷或個人情況如何，做出或大或小的改變永遠都不嫌晚。就算有人反對（一定會有），就算很嚇人（也一定如此），就算有時候會想要放棄（你一定會），你也一定可以做到。不只是勉強做到而已，而是能成為更強大、更明智、更富有同情心的人。

你可以的！現在就好好生活，讓工作變順利吧！

致謝

爸、媽，要不是你們放任我小時候對閱讀、寫作異想天開，我敢說《我只是好好生活，工作竟然變順了》這本書仍然只會是個想法而已。我還記得每次長途旅行都會讀完一大堆的書，無論走到哪裡，都會去探索小書店。好幾個在巴諾書店（Barnes & Noble）度過的午後時光，從芭蕾課附近的二手書店，到佛蒙特州（Vermont）的隱密書店，我們還爭論打賭，要怎麼形容「死翹翹」（dead as a doornail）這句俗語才對，而且到現在還不知道誰輸誰贏。

若我沒提到在我更年幼的時候，你們所陪伴我的時光，那我就太粗心大意了。當時我學會了閱讀（我記得《閱讀初學》〔*Beginning to Read*〕系列裡的《龐貝城》

〔*Pompeii*〕和《法老王圖坦卡門》〔*King Tut*〕是我的最愛），你們讓我在廚房桌子上使用淡藍色打字機的那些時光，還有我在暑假期間用光了眼前所見的所有立可帶，打出（並重新打過）自己寫的故事。

我好愛你們，也非常感謝你們從一開始，就鼓勵我要追尋自己所熱愛的一切。

約翰．舍耶（John Scheyer），我的愛人，謝謝你在我寫書過程中給予的一切支持。總是跟我一起慶祝每個里程碑，就算再小也不例外。從完成我的初稿、為最終版的手稿按下「送出」，到電子書發行期間拿下暢銷書的位子都是。謝謝你總是確保我身邊有寫作所需要的一切物資，從零食、我最喜歡的茶、花（而且不只一束），到特別挑選的打氣小語，當然還有我「敢於與眾不同」的橡木苔鼠尾草香芬蠟燭。我愛你！

特別感謝《我只是好好生活，工作竟然變順了》所有早期的支持者與讀者，尤其是發行團隊的大家：艾倫．貝里斯（Erin Bellis）、潔絲．巴克斯（Jess Box）、蘿妮．卡特（Roni Carter）、卡瑞莎．戴古里斯（Karisa Deculus）、考特妮・亨特（Courtney Hunt）、摩根・哈斯提德（Morgan Husted）、雪莉・帕洛克（Shirley Pollock）、艾倫・歐米雅拉・凱莉（Ellen O'Meara Kelly）、唐雅・珊尤（Tanya Sanyal）、潔西卡・席勒・蕭佛曼（Jessica Schiller Silverman）、雪莉・蘇克拉（Shelly Sookraj）、荷莉・凱克（Hollie Tkac）、羅賓・夸特鮑姆（Robin Quattlebaum）和瑪拉・懷特（Mara White）。謝謝你們這麼公開地分享自己的職涯難題、提供從封面到內容的所有回饋，以及和朋友們分享這本書。我好感謝你們！

安潔拉・勞利亞（Angela Lauria），謝謝妳這位傑出的書籍教練與作家孵化器（The Author Incubator）創辦人。謝謝妳嚴格的愛、堅守的截止期限與整體的指導，這些都對實現《我只是好好生活，工作竟然變順了》至關重要。

致摩根詹姆斯出版（Morgan James Publishing）團隊：特別感謝執行長與創辦人大衛・漢考克（David Hancock）相信我和我的訊息。致我的作者公關經理人蓋爾・魏斯特（Gayle West），謝謝你讓流程一切順利容易。還要感謝其他所有人，尤其是吉姆・霍華德（Jim Howard）、貝瑟妮・馬修（Bethany Marshall）與妮蔻・華金斯（Nickcole Watkins）。

作者簡介

克莉絲汀・扎沃（Kristen J. Zavo）是備受矚目的國際主題演說家、職涯教練與企業策略專家。她認為人人都值得擁有一份能激勵、啟發他們的職業，以及有意義的工作所帶來的快樂與成就感。無論正式與否，她都幫助了成千上萬的讀者、客戶、同事和朋友找到滿意的工作，不管是選擇留在原本的崗位、找新工作，或徹底轉行。

在大學時期，克莉絲汀透過與一間頂尖考試準備公司的合作，發現自己對教學與演說的熱忱，直到這成為她的職業，並兼職多年。畢業後，她開始了在投資銀行業的職業生涯，接著從事將近十年的財務策略顧問工作。自此，她轉換到專注於策略、市場行銷與客戶體驗的產業，為一間頂級眼鏡製造與零售商效勞。她曾在《哈芬登郵報》（*Huffington Post*）上出現，如今則在世界各地的商務、市場行銷與在工作上找到樂趣的會議上進行演說。

克莉絲汀在康乃狄克州（Connecticut）費爾菲爾德（Fairfield）聖心大學（Sacred Heart University）的約翰・弗爾奇商學院（John F. Welch College of Business）取得了金融專業的企業管理碩士學位。她同時擁有企業管理學士學位，主修市場行銷，雙主修心理學，輔修數學。她抱持著活到老、學到老的態度，在職涯中擁有多個專業頭銜，而且還是一名合格的人生教練（Well Life Coach）。

克莉絲汀熱愛到世界各地旅行，尤其是有美麗海灘的地方。她是狂熱的愛書人、胸懷抱負的瑜伽人，以及保養品愛用者。她在美國東岸長大，居所遍及美國各地，目前則是住在俄亥俄州（Ohio）的辛辛那堤。

kristenzavo.com
kristen@findyourjobjoy.com

感謝詞

非常感謝你閱讀《我只是好好生活，工作竟然變順了》！如果你讀到了這裡，那我會知道關於你的兩件事。首先，你比以往任何時候都更願意體驗工作的樂趣；其次，也許你在開始閱讀之前，都先從書的最後面開始看起（嘿，我也是）。

我很想了解你追求理想事業的旅程與成功的過程。請與我保持聯繫！你可以在領英（LinkedIn）、Facebook、Instagram和推特上找到我，並與我聯絡。請到jobjoybook.com上去領取《我只是好好生活，工作竟然變順了》的讀者才有的特別驚喜吧。

翻轉學 翻轉學系列 040

我只是好好生活，工作竟然變順了

讓工作和生活相輔相成，解決人生卡關、突破困頓的翻轉指南

Job Joy: Your Guide to Success, Meaning and Happiness in your Career

作　　者　克莉絲坦．扎沃（Kristen J. Zavo）
譯　　者　林吟貞
總 編 輯　何玉美
主　　編　林俊安
封面設計　張天薪
封面插圖　FE 工作室
內文排版　黃雅芬

出版發行　采實文化事業股份有限公司
行銷企劃　陳佩宜．黃于庭．馮羿勳．蔡雨庭．曾睦桓
業務發行　張世明．林踏欣．林坤蓉．王貞玉．張惠屏
國際版權　王俐雯．林冠妤
印務採購　曾玉霞
會計行政　王雅蕙．李韶婉．簡佩鈺
法律顧問　第一國際法律事務所　余淑杏律師
電子信箱　acme@acmebook.com.tw
采實官網　www.acmebook.com.tw
采實臉書　www.facebook.com/acmebook01

I S B N　978-986-507-181-3
定　　價　320 元
初版一刷　2020 年 9 月
劃撥帳號　50148859
劃撥戶名　采實文化事業股份有限公司
104 台北市中山區南京東路二段 95 號 9 樓
電話：(02)2511-9798　傳真：(02)2571-3298

國家圖書館出版品預行編目

我只是好好生活，工作竟然變順了：讓工作和生活相輔相成，解決人生卡關、突破困頓的翻轉指南 / 克莉絲坦．扎沃（Kristen J. Zavo）著；林吟貞譯 – 台北市：采實文化，2020.9
184 面 ; 14.8×21 公分 .--（翻轉學系列；40）
譯自：Job Joy: Your Guide to Success, Meaning and Happiness in your Career
ISBN 978-986-507-181-3（平裝）
1. 職場成功法
494.35　　109011101

采實出版集團
ACME PUBLISHING GROUP

廣	告	回	信
台北郵局登記證			
台北廣字第03720號			
免	貼	郵	票

采實文化 采實文化事業股份有限公司

104台北市中山區南京東路二段95號9樓

采實文化讀者服務部　收

讀者服務專線：02-2511-9798

我只是好好生活，工作竟然變順了

讓工作和生活相輔相成，解決人生卡關、突破困頓的翻轉指南

JOB JOY

Your Guide to Success, Meaning and Happiness in your Career

克莉絲坦・扎沃 Kristen J. Zavo——著

林吟貞——譯

翻轉學 **翻轉學系列**專用回函

系列：翻轉學系列040
書名：**我只是好好生活，工作竟然變順了**

讀者資料（本資料只供出版社內部建檔及寄送必要書訊使用）：

1. 姓名：
2. 性別：□男　□女
3. 出生年月日：民國　　　　年　　　月　　　日（年齡：　　　　歲）
4. 教育程度：□大學以上　□大學　□專科　□高中（職）　□國中　□國小以下（含國小）
5. 聯絡地址：
6. 聯絡電話：
7. 電子郵件信箱：
8. 是否願意收到出版物相關資料：□願意　□不願意

購書資訊：

1. 您在哪裡購買本書？□金石堂　□誠品　□何嘉仁　□博客來
   □墊腳石　□其他：＿＿＿＿＿＿＿＿（請寫書店名稱）
2. 購買本書日期是？＿＿年＿＿月＿＿日
3. 您從哪裡得到這本書的相關訊息？□報紙廣告　□雜誌　□電視　□廣播　□親朋好友告知
   □逛書店看到　□別人送的　□網路上看到
4. 什麼原因讓你購買本書？□喜歡商業類書籍　□被書名吸引才買的　□封面吸引人
   □內容好　□其他：＿＿＿＿＿＿＿＿＿＿＿＿（請寫原因）
5. 看過書以後，您覺得本書的內容：□很好　□普通　□差強人意　□應再加強　□不夠充實
   □很差　□令人失望
6. 對這本書的整體包裝設計，您覺得：□都很好　□封面吸引人，但內頁編排有待加強
   □封面不夠吸引人，內頁編排很棒　□封面和內頁編排都有待加強　□封面和內頁編排都很差

寫下您對本書及出版社的建議：

1. 您最喜歡本書的特點：□實用簡單　□包裝設計　□內容充實
2. 關於商業管理領域的訊息，您還想知道的有哪些？

＿＿＿＿＿＿＿＿＿＿＿＿＿＿＿＿＿＿＿＿

＿＿＿＿＿＿＿＿＿＿＿＿＿＿＿＿＿＿＿＿

3. 您對書中所傳達的內容，有沒有不清楚的地方？

＿＿＿＿＿＿＿＿＿＿＿＿＿＿＿＿＿＿＿＿

＿＿＿＿＿＿＿＿＿＿＿＿＿＿＿＿＿＿＿＿

4. 未來，您還希望我們出版哪一方面的書籍？

＿＿＿＿＿＿＿＿＿＿＿＿＿＿＿＿＿＿＿＿

＿＿＿＿＿＿＿＿＿＿＿＿＿＿＿＿＿＿＿＿

翻轉學

翻轉學